藏北那曲草原生态建设与管理应用
——野生草种质资源开发利用与草地治理

◎ 旦久罗布　严　俊　何世丞　谢文栋　张海鹏　著

U0306584

中国农业科学技术出版社

图书在版编目（CIP）数据

藏北那曲草原生态建设与管理应用. 野生草种质资源
开发利用与草地治理 / 旦久罗布等著. -- 北京：中国
农业科学技术出版社，2024.7. -- ISBN 978-7-5116
-6948-3

Ⅰ. S812.29

中国国家版本馆CIP数据核字第 2024MR5345 号

责任编辑	贺可香
责任校对	李向荣
责任印制	姜义伟　王思文

出 版 者	中国农业科学技术出版社
	北京市中关村南大街 12 号　　邮编：100081
电　　话	（010）82106638（编辑室）　　（010）82106624（发行部）
	（010）82109709（读者服务部）
网　　址	https://castp.caas.cn
经 销 者	各地新华书店
印 刷 者	北京地大彩印有限公司
开　　本	170 mm×240 mm　1/16
印　　张	14.75
字　　数	240 千字
版　　次	2024 年 7 月第 1 版　　2024 年 7 月第 1 次印刷
定　　价	198.00 元

《藏北那曲草原生态建设与管理应用》

编委会

顾　　问：魏学红

主　　任：次仁德吉　钟宇栋

副 主 任：张　勇　　嘎桑措朗　扎　西　　米玛旺堆　扎西次仁

参加人员：旦久罗布　严　俊　　谢文栋　　何世丞　　张海鹏

　　　　　赵玉红　　多吉顿珠　王有侠　　干珠扎布　马登科

　　　　　高　科　　次　旦　　魏　巍　　刘海聪　　扎西央宗

　　　　　才　珍　　周娟娟　　边巴拉姆　朱彦宾　　扎西达瓦

　　　　　仁增旺堆　朵辉成　　旦　增　　保吉财　　翁浩博

　　　　　桑　旦　　嘎　嘎　　晋　巴　　赤列次旺　次旺曲培

　　　　　索朗次叫　张立军　　次仁宗吉　普布卓玛

《藏北那曲草原生态建设与管理应用
——野生草种质资源开发利用与草地治理》

著者名单

主　著：旦久罗布[1]　严　俊[1]　何世丞[1]　谢文栋[1]　张海鹏[1]

副主著：王有侠[1]　多吉顿珠[4]　干珠扎布[5]　马登科[1]　高　科[1]
　　　　次　旦[1]

著　者：魏　巍[4]　刘海聪[6]　扎西央宗[4]　才　珍[1]　周娟娟[4]
　　　　边巴拉姆[1]　朱彦宾[4]　扎西达瓦[2]　朵辉成[2]　仁增旺堆[4]
　　　　旦　增[3]　保吉财[1]　翁浩博[1]　桑　旦[4]　晋　巴[3]
　　　　嘎　嘎[1]　赤列次旺[3]　次旺曲培[3]　索朗次叫[1]　张立军[7]
　　　　次仁宗吉[1]　普布卓玛[4]

1. 那曲市农牧业（草业）科技研究推广中心。
2. 那曲市色尼区农业科学技术服务站。
3. 那曲市尼玛县农牧业科学技术服务站。
4. 西藏自治区农牧科学院。
5. 中国农业科学院农业环境与可持续发展研究所。
6. 西藏职业技术学院。
7. 中共那曲市委员会党校（那曲市行政学院）。

作者简介

旦久罗布　高级畜牧师，西藏自治区学术技术带头人，中国农业科学院、兰州大学研究生校外行业导师，享受国务院政府特殊津贴。

2002年毕业于甘肃农业大学草业科学专业，主要研究方向为区域化人工种草、草地退化生态修复与重建、生物多样性保护、自然资源可持续利用及相关领域。从2002年扎根藏北高原，在平均海拔4 500 m以上的藏北高原开展草地基础研究工作，藏北高原，被人们称为"人类生存的禁区"，自然条件极其恶劣，20年如一日，怀着对草原事业的热爱，带领项目组在与无数的困境和危险较量的过程中，不断收获耕耘的果实。

凭借着丰富的草业科学经验和扎实的基础知识，先后承担主持科技部、西藏科学技术厅、那曲市科学技术局项目20多项，担任西藏自治区牧草体系岗位专家，原那曲市草原站站长、那曲市职业技术学校"草原畜牧野外指导专家"、拉萨市当雄县畜牧草业指导专家等，主要学术兼职有西藏草学会副理事长，西藏畜牧兽医学会常务理事等。

先后获得"全国五一劳动奖章""全国优秀科技特派员""全国十佳优秀科技工作者"提名奖、"全国优秀科技工作者"等国家级荣誉6项；西藏自治区先后授予"西藏自治区优秀共产党员""西藏自治区科技工作先进个人""西藏自治区科技特派员优秀标兵""西藏自治区优秀学术技术带头人"等自治区级荣誉8项；那曲市授予首届"羌塘杰出人才"、首届"羌塘最美青年"等荣誉多项；获得"全国农牧渔业丰收奖一等奖"西藏自治区科学技术奖一、二等奖。

先后发表学术文章60余篇，申请专利45项，编制团体标准6项，地方标准5项，出版专著7部（其中主编出版《那曲草地资源图谱》《那曲常见植物识别应用图谱》2部，参编出版5部），编制《农牧民草原保护管理与建设》藏文版教材1部，从区内外引进牧草品种118种，推广应用19种（其中高产优质饲草亩产突破4 000 kg以上牧草品种7种，草地生态修复与治理生态牧草品种12种），收集乡土野生牧草资源60余份，优势牧草品种13种。

前　言

FOREWORD

　　在辽阔的青藏高原之上，藏北那曲犹如一颗璀璨的明珠，散发着其独特的魅力，草原广袤无垠，河流湖泊星罗棋布，自然资源丰富。藏北那曲是伟大祖国海拔最高、陆地国土面积最大的市，"最高""最大"赋予那曲得天独厚的资源优势、独一无二的区位特点、优秀厚重的传统文化；藏北那曲是固边稳藏战略保障支撑、极地高原科研基地中心、国家极地高原重要生态安全屏障的核心功能区；藏北那曲是西藏特色畜牧业发展的重要基地，有着农牧民赖以生存的基本生产资料。

　　藏北那曲处于低纬度、高海拔的高寒地境，被昆仑山、唐古拉山、念青唐古拉山和冈底斯山所环绕，整个地形呈西北高东南低倾斜状，平均海拔4500 m以上，形成了多样的地形、地貌以及小气候，为植物提供了丰富多样的生存环境，也造就了高寒草甸、高寒草原、高寒荒漠等草地生态系统，生物生存、发展的特殊尤为世人所瞩目，其独特的环境、丰富的植物资源，对青藏高原甚至对全球气候和环境有着极其重要的影响，长期以来一直是国内外专家学者在地理、生物、资源和环境等方面的研究热点。

　　《藏北那曲草原生态建设与管理应用》一书，是对这片神奇土地的深入探索与总结。本书从那曲区域人工种草、那曲草地资源、那曲野生优势牧草种质资源保护与利用、那曲草地生态修复治理技术和那曲草原三害治理五个方面全面展示了藏北那曲草原科技工作者多年来的有益探索，他们致力于规范草原管理工作，推动藏北高寒草原在生态建设与特色草地畜牧业可持续健康发展中发挥更大效益。

在此，由衷感谢在《藏北那曲草原生态建设与管理应用》一书编写和出版过程中那曲市委、市政府、市科学技术局给予的大力支持和帮助，以及西藏自治区牧草产业技术体系的技术支撑。同时，由于撰写时间紧迫、撰写人员水平有限，本书在文字表述、研究成果等方面可能存在诸多疏漏和不足，恳请专家学者不吝指正。

我们期望这本书能够为藏北那曲相关部门、草原科技界同仁、草原生态保护和草地畜牧业从业人员的工作提供有益的参考，也能够让社会各界更好地认识和了解藏北那曲草原的基本情况，共同为保护这片美丽的草原生态贡献力量。

著　者

2024年4月

目 录
CONTENTS

第三部分　那曲草原"三害"治理

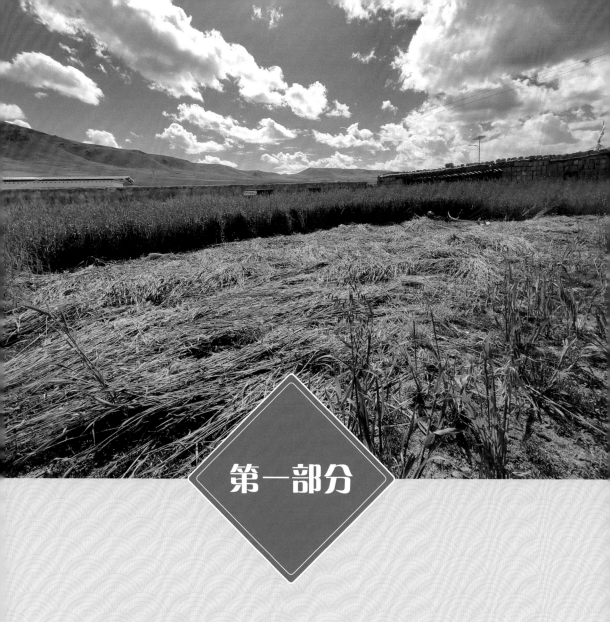

第一部分

那曲乡土优势牧草种质资源保护与利用

　　那曲位于西藏北部，拥有极为丰富的乡土野生牧草资源。这些牧草在高寒、干旱以及强紫外线照射的极端条件下顽强生长，展现出卓越的抗逆性和旺盛的生命力。每当春季来临，气温逐渐回升、冰雪缓缓融化，乡土野生牧草便开始了它们一年一度的生长之旅。在这短暂而宝贵的生长季节里，它们迅速积累营养物质，为牲畜提供了丰富的蛋白质和充足的能量来源。同时，这些看似普通的野生牧草，在维持生态平衡、防止水土流失以及改善环境质量方面发挥着至关重要的作用。

　　然而，近年来，由于气候变化的不确定性以及人类活动的不当干预，特别是过度放牧和草地退化等问题，导致部分本土野生牧草种类数量显著下降，进而使得生态系统功能遭受一定程度的损害。因此，强化本土野生牧草资源的保护与合理利用，已成为那曲地区生态环境保护与畜牧业可持续发展的迫切需求。

　　为确保有效保护并充分利用这一珍贵的自然资源，原那曲市草原站的工作人员带着对这片土地的热爱与责任感，主动开展了一系列深入细致的研究工作。通过实施科学的草地管理策略，积极推广草地改良技术与牧草种植方法，显著提升了本土野生牧草的利用效率及经济价值，为草原生态可持续发展及农牧民收入增加奠定了坚实基础。

　　综上所述，那曲的本土野生牧草不仅是当地畜牧业的坚实基础，而且对于维护高原生态环境具有至关重要的作用。通过实施科学而合理的保护与利用策略，能够确保这些宝贵的自然资源得到持续发展，为当地经济与生态环境的和谐共生提供有力支撑。

第一章　概　论

　　藏北高原作为高寒"绿色生态屏障"，是我国乃至亚洲气候稳定的"调节器"，是珍稀野生动物的天然栖息地、高原物种基因库、水资源安全战略储备基地，是我国重要的国家安全屏障、重要的生态安全屏障、战略资源储备基地，是我国乃至全世界高寒草原面积分布最大的地区之一，主要类型为高寒草原类草地和高寒草甸类草地，同时也是我国三江源头（怒江、长江、澜沧江）地区的水源涵养体。处于海拔高、低纬度的地域，具有独特的、丰富的乡土牧草种质资源，被誉为"高寒生物种质资源库"，许多生物物种为青藏高原特有种，其草地类型在草原学中具有特殊意义。

　　近年来，随着那曲草牧业的发展，开展人工草地建植、生态修复等工作对适宜那曲种植的牧草品种需求日渐突出，仅仅靠引进青海、甘肃等地的品种难以满足那曲草牧业发展需要。然而那曲具有丰富的乡土草地资源，能适应不同生境的乡土优良牧草众多，多年来干旱、高寒特殊气候的选择使那曲乡土牧草有广泛的分布，能在恶劣的环境下生长良好，有较高的营养价值，用于改良天然草地和建植人工草地，改善草地生态环境将产生现实而深远的意义。

一、乡土草种质资源的概念

　　乡土草（Native grass）是指自然生长于当地的植物，主要指草本植物，但也包括小半灌木和灌木等（南志标 等，2021）。乡土草由于对当地环境的长期适应和协同进化，多具有抗寒、抗旱、耐盐碱、耐贫瘠、抗病虫、适应性强等优良特性，可以经过驯化选育为栽培牧草、草坪草、生态草和观赏草，也可在明确其高产、优质和抗逆等重要性状形成的遗传和分子基础上直接利用其优异基因创制和改良现有的牧草品种。在保障国家食物安全和生态安全发挥着重要作用。

二、研究乡土牧草种质资源的目的

乡土生态牧草筛选驯化栽培及应用技术研究通过本土乡土优势生态牧草品种采集筛选、驯化栽培、基础研究、优化物种配置，应用技术工程措施，探索构建不同类型草地治理、放牧刈割型草地建设等模式，有效解决那曲草地退化后植被修复难度大且稳定性差、饲草料短缺、无种源"卡脖子"等问题，为高寒草地生态环境治理、特色草地畜牧业发展、草产业发展、种业振兴发展、草牧业转型升级提供更科学、更精准、更可靠的数据和技术支撑。

同时，为后期开展天然草地改良及生态修复方面基础性研究打好基础。提高牧草种质资源保存和利用能力，为牧草新品种的选育提供生物多样性遗传材料，为驯化和选育地方的优良品种提供技术支撑。它将对创造新的草地生产力，促进草地和畜牧业集约经营和牧区生产的分化，劳动力的分流以及牧民定居，推动牧区社会经济的进步与发展产生重大影响，同时，有助于优化和调整农牧业的生产结构，对促进草地畜牧业的发展，加快农牧区群众脱贫致富，提高人民生活质量及食物安全性，促进民族团结，经济繁荣，实现可持续发展，再造秀美山川，都具有重要的战略地位和意义。

三、研究那曲乡土牧草种质资源意义

越是生长在极端环境条件下的乡土牧草，其体内越可能携带有适应高海拔栽培的优良遗传基因。那曲位于"世界屋脊"，广阔的高寒大草原在寒冷、紫外线强、干旱等恶劣的自然下经过漫长的自然选择，经过突变、基因交流和生态遗传分化，使大部分牧草资源体内具备了抗寒、抗旱等十分珍贵的遗传基因。能够在乡土状态下生长良好，且营养价值较高，适应于当地天然草场植被恢复生长具有很好的开发利用价值，但有关那曲乡土牧草种质资源的开发利用工作却十分薄弱，截至目前，尚未对乡土牧草种质资源开展过全面、详细的收集、整理、分类、保存、鉴定及评价等工作，特别是针对牧草种质资源的遗传学、生理生态学、繁育利用技术的研究尚未系统深入。近年来由于人类活动以及气候变化等因素的影响，那曲天然草地逐渐呈现退化趋势。乡土牧草的生长环境也受到不同程度的影响。因此，加强牧草种质资源的合理利用和有效保护，对保护生物多样性和恢复草地生态功能具有十分重要的意义。另外，加强乡土牧草种质资源挖掘，对提高那曲高寒草地生态建设，建立人工草地和改良天然草地，发展当地草地畜牧业具有极其重要的科学研究和生产价值。

《中共中央 国务院关于进一步做好西藏发展与稳定工作的意见》（中发〔2005〕12号）中指出，将西藏纳入国家生态环境重点治理区域，构建西藏高原生态安全屏障。《中共中央 国务院关于学习运用"千村示范、万村整治"工程经验有力有效推进乡村全面振兴的意见》指出，优化农业科技创新战略布局，支持重大创新平台建设。加快推进种业振兴行动，完善联合研发和应用协作机制，加大种源关键核心技术攻关，加快选育推广生产急需的自主优良品种。开展重大品种研发推广应用一体化试点。推动生物育种产业化扩面提速。由此可见，西藏的生态安全，事关西藏的子孙后代，事关西藏的跨越式发展和长治久安，事关西藏小康社会的全面建设，事关我国的国土安全和国际关系，事关中华民族大家庭的共同团结奋斗、共同繁荣发展，具有重要的现实意义、重大的政治意义和深远的历史意义。

四、乡土牧草种质资源研究进展

优良的饲草料作物品种作为当地畜牧业发展的重要物质基础，在当今已成为草地畜牧业生产的重要生产资料，优良牧草品种数量的多少，质量的高低也成了衡量当地畜牧业发展水平的重要标志之一。

（一）国外植物种质资源的研究现状

国外十分重视植物种质资源的保护和利用，栽培牧草和饲料作物也不例外，美国从1776年就开展这方面的工作，截至20世纪80年代，保存了牧草种质资源25万份；新西兰保存牧草种质资源25万份；澳大利亚牧草种质资源采取以堪培拉的CSIRO为中心的分片管理，仅昆士兰布里斯班热带作物和草地研究所保存牧草种质就达2万份。发达国家对野生牧草种质资源的研究利用已历经一个世纪。

美国、新西兰、澳大利亚等西方发达国家历来重视重要牧草和乡土草资源收集、系统研究和利用。如在全球共享的开放性植物基因资源信息平台Genesys（https://www.genesys-pgr.org/），收集的牧草种质资源有174 449份，其中收集牧草资源数排名前五的是苜蓿属45 313份，三叶草属27 477份，豇豆属10 838份，柱花草属9 443份，野豌豆属6 569份。新西兰草地农业研究所玛格福特牧草种质中心从100多个国家收集草类植物种质资源约14万份。美国农业部牧草与草原研究实验站（USDA-FRRL）近年来围绕披碱草属（*Elymus*）、冰草属（*Agropyron*）等近10种乡土草种开展资源收集、保存和评价（如幼苗的建植、生长速度、竞争能力、抗逆性和种子产量等），为优异草种质资源筛选和定向创制奠定重要物质基础。澳大利亚维多利亚生物技术研究中心，利用高通量表型平台完成了黑麦草株高、产量等表型性状快速高效精准鉴定。

（二）我国乡土牧草种质资源的研究现状

我国草地面积60亿亩，野生牧草是我国重要的生物种质资源，据20世纪90年代初步对全国草地资源调查结果，草地饲用植物共6 700余种，其中禾本科牧草1 300余种，豆科牧草1 220余种。1986—1990年鉴定了3 186份牧草种质材料的生物学特性及农艺性状，为开发利用这批牧草种质资源打下良好的基础。1991—1996年共完成1 063份种质材料的鉴定，其中禾本科牧草646份、豆科牧草342份、其他科牧草75份。截至1996年，我国鉴定和重审选出一批新的优良草种，以生物学特性及农艺性状为主，完成3 186份材料的鉴定和评价，对其817份材料进行了抗逆性、细胞学鉴定和研究，从中评选出具有突出优良性状的材料142份，筛选出可直接用于生产的优良草种26个。近年来，完成农艺性状评价鉴定12 980份，抗逆性评价鉴定150余份。我国乡土牧草种质资源保存的数量超过美国，仅次于新西兰。

全国畜牧总站保存草种质资源达5.58万份，我国建有1个中心库、2个备份库、1个组织培养离体库、17个草种质资源圃，收集保存了约30%的草类植物种质资源。在长期资源研究的基础上也出版了一批重要学术著作，如兰州大学南志标院士等撰写的《乡土草抗逆生物学》，中国科学院植物研究所刘公社等撰写的《羊草种质资源研究》，西南科技大学白史且等撰写的《老芒麦种质资源研究与利用》，中国农业大学贾慎修等主编的《中国饲用植物》和中国热带农业科学院刘国道等主编的《中国南方牧草志》等。

我国在草种质资源收集和保存方面虽然取得重要进展，但种质资源性状评价利用严重不足，据不完全统计，我国累计评价了1.6万份草类植物种质资源的抗旱、抗盐、抗寒等抗性指标和粗蛋白含量等品质指标，评价率仅30%左右。不同生态区的优势草种如青藏高原区的垂穗披碱草、老芒麦、冷地早熟禾、中华羊茅等种质资源保存量少、抗逆高产优质等重要农艺性状精准鉴定不足，极大限制了优异乡土草种质资源的挖掘与利用。

乡土草蕴藏着抗寒、耐盐碱、抗旱等重要抗逆基因资源，同时部分品种具有种子结实率低、发芽率低、休眠性强、落粒严重等不利性状。开展重要农艺性状基因挖掘和性状形成的生物学基础研究是支撑现代草类植物育种的重要基础。截至目前，植物育种经历了四个主要时期：驯化选育（1.0版）、遗传育种（2.0版）、分子育种（3.0版）和智能育种（4.0版）（Wallace等，2018）。乡土草大多具有多年生、多倍体、异花授粉、基因组复杂等特性，这导致乡土草种选育鉴定评价周期长，分子育种基础严重滞后，育种效率低。目前我国乡土草育种方法整体停留在育种1.0的驯化选育阶段，乡土草品种主要通过对野生种质资源进行收集、评价和多年驯化选育而成。总体而言，我国具有自主知识产权的乡土草新品种依然匮乏，截至2022年我国审定登记的国审草类植物品种有674个，其中野生栽培品种161个，仅占审定品种数的23.89%（图1-1）。育成的乡土草品种中以禾本科草品种居多，豆科乡土草品种尤为匮乏。以青海省为例，截至目前全省通过审定的乡土草品种共27个（国审23个、省审4个）均为禾本科草种，其中披碱草属、羊茅属（*Festuca*）、早熟禾属（*Poa*）等国审多年生乡土草品种15个（表1-1）。

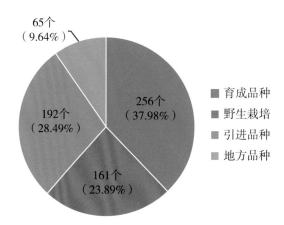

图1-1 截至2022年我国国审草品种数量及比例

表1-1 青海省通过的国审多年生乡土草品种

草种	披碱草属（6个）	羊茅属（3个）	早熟禾属（3个）	其他属（3个）
多年生禾本科草种	青牧1号老芒麦、青牧2号老芒麦、环湖老芒麦、同德老芒麦、同德短芒披碱草、同德无芒披碱草	环湖毛稃羊茅、环湖寒生羊茅、青海中华羊茅	青海扁茎早熟禾、青海冷地早熟禾、青海草地早熟禾	沱沱河梭罗草、同德小花碱茅、同德贫花鹅观草

（三）西藏乡土牧草种质资源的研究现状

西藏是我国五大牧区之一，目前拥有天然草地13.23亿亩，占全国天然草地总面积的1/5，是西藏生态安全屏障的重要组成部分，草地植物共有3 171种，隶属116科640属，其中饲用植物2 672种，分别属于83科557属。西藏在20世纪70年代末到80年代初开始注重牧草种质资源的利用，在资源调查中对野生牧草资源进行了初步的评价，同时对不同生态区域适宜种植的牧草做了推荐。80年代到90年代以来，经过多次牧草引种，共引进牧草品种400多种，筛选出当家品种20多个，尤其是1998年相继实施的牧草引种工作，从国内外引进157份牧草品种和15个草坪草，筛选出适宜不同地区种植的优良牧草品种29份，但野生生态牧草筛选驯栽培系统研究为空白。

（四）那曲开展乡土牧草研究现状

那曲草地总面积为6.32亿亩，常见植物57科，179属，332种，其中饲用植物106种，占植物总种数的31.93%。针对那曲乡土草种质资源的多样性和优势，原那曲市草原站以山地草甸类：垂穗披碱草（*Elymus nutans*）、白草（*Pennisetum flaccidum*）、早熟禾（*Poa annua*）；高寒草甸类：西藏嵩草（*Kobresia schoenoides*）、矮生嵩草（*Kobresia humilis*）、高山嵩草（*Kobresia pygmaea*）；高寒草原类：梭罗草（*Kengyilia thoroldiana*）、紫花针茅（*Stipa purpurea*）、青藏苔草（*Carex moorcroftii*）等草地开展对那曲优势乡土草品种资源进行挖掘、收集、筛选（图1-2），初步建设那曲优势乡土草品种原种采集保护区12个，并于1992年6月起对其采集的野生梭罗草在原那曲地区草原站试验基地进行了初步的试验性种植，对生长发育、越冬、植物性特征等进行了全面的考察，专业技术人员在田间经过7年实地观察，结合野外调查初步评选鉴定，一致认为梭罗草具有较好的驯化栽培和推广价值。于1999年在中部嘉黎县措拉镇进行适应性种植研究；2002—2005年在百亩试验基地进行了种植；2009—2013年在原"那曲地区现代草地畜牧业示范基地"进行种植；2014—2016年在色尼区那曲镇14村开展梭罗草生态修复效果试验研究；2017—2019年在现代农业产业园区开展梭罗草相关播种量试验研究；2020—2022年在安多县强玛镇和尼玛县尼玛镇万亩饲草基地种植，并开展品种比较试验研究。在开展适应性

图1-2 乡土牧草品种展示

研究的同时，通过每年的筛选，表现优异、长势均匀的植株单独筛选后第二年再进行扩繁。目前，正在尼玛县万亩有机饲草基地计划开展乡土生态牧草梭罗草种子扩繁千亩基地。

同时，原那曲市草原站在牧草引种驯化工作中先后推广应用优良牧草品种19个，突破亩产鲜草达3.1～5.5 t。在草地修复重建技术研究方面，先后引进30余种多年生牧草品种，通过试验田栽培筛选、混播组合处理，共筛选出表现突出、适应性能强的牧草品种13个，形成草地修复重建混播组合处理3个；其中早熟禾＋碱茅＋披碱草等牧草品种混播建植多年生放牧型割草地，草地成型快，产量相对较高，亩产鲜草达1 200 kg。

五、那曲开展乡土牧草研究工作的必要性

随着人口增长、环境恶化、草原"三化"等，那曲乡土牧草种质资源遭到了不同程度的破坏，一些优质乡土牧草种质受到灭绝威胁。草地生态环境的破坏制约着西藏农牧民生产、生活条件的改善和生活水平的提高，制约着本地草地畜牧业可持续健康发展。西藏自治区高度重视退化草地的恢复与治理，而可供利用的牧草植物种质资源的匮乏成为退化草地治理的制约因素，这与丰富的草地种质资源形成了突出的矛盾。

2020年中央经济工作会议把"解决好种子和耕地问题"列为我国2021年八项重点任务之一，要求"开展种源'卡脖子'技术攻关，立志打一场种业翻身仗。"因此，保护牧草种质遗传资源多样性，摸清分布于那曲的主要乡土牧草资源，开展种质资源的合理开发利用研究，充分挖掘乡土牧草的利用潜力，为那曲高寒地区建立区域人工草地、生态修复、对维持草原生物多样性、保持草原生态平衡、改善牧民生活及乡村振兴、和谐社会都具有重大的现实意义和生产意义。

（一）那曲天然草地生态修复和维护生态平衡所急需

那曲是我国重要的生态安全屏障，近几年来，由于自然因素和人为因素的双重影响下，那曲高寒草地出现了不同程度的退化，严重影响了草地生态系统功能和牧民生存发展，截至2010年，草地退化面积比例达到

58.2%，总体接近中度退化水平，草原退化形势非常严峻，植被恢复与重建已成为一个重要的课题。种子是草业的"芯片"，建植优良人工草地和生态修复，牧草品种是关键。目前，多数研究集中在黑土滩植被恢复重建技术研究工作，而直接应用于那曲高海拔、降水少、蒸发量大等恶劣自然条件下建植技术和牧草品种选择还未发现，要针对那曲不同区域不同草地类型和退化程度采取不同的技术措施，对高海拔区域生态修复及维护生态平衡还需当地自然资源优势，利用乡土牧草具有抵抗当地不良气候和土壤条件与适应性很强的特点，开发利用乡土的优势牧草，建立本土牧草品种种质资源库，才能提高生态修复效率和维护生态平衡。

（二）那曲畜牧业可持续发展所急需

草是畜牧业发展基础之根本，牧草品种决定着草业的发展水平，草的发展决定着地方畜牧业发展的质量效益，没有草的发展就无从谈起草原生态建设与当地畜牧业的转型升级及提质增效问题，那曲是高原特色畜牧业生产基地，是农牧民赖以生存的资源宝库，虽那曲高原草地面积广，但产出低，冬春季饲草供应严重不足，制约了传统畜牧业发展。积极开展乡土牧草驯化工作，发展区域人工饲草料种植，可以提高饲草料生产能力的同时缓解天然草地压力，解决高寒牧草冬春季饲草料短缺问题，一个优良品种可以提高牧草产量、提高饲草品质、增强牧草的抗病虫能力、提高植物抗逆性等重要作用，是高寒草地畜牧业可持续发展的重要途径，人工草地作为草地经营的高级形式，是草地畜牧业现代化的质量指标，在草地畜牧业生产中所产生的经济效益和生态效益十分显著。种子是草业"芯片"，是草产业发展"卡脖子"的关键，据了解，那曲每年需从外省调运青海444、甜燕麦、青稞等牧草种子约2 000 t，披碱草、早熟禾等生态修复种子约400 t，青干草储备约4 000 t，种子100%外购，为把"卡脖子"问题牢牢把握在自己手中。

（三）那曲生物多样性保护所急需

保护生物多样性具有十分重要的意义，其中物种多样性保护与研究成为了生物多样性保护与研究的核心内容,这是由于物种是生态系统的重要组成部分,又是遗传物质的载体。由于那曲地处青藏高原腹部,气候条件恶劣,极端环境突出,更加应该注重优良牧草、珍稀濒危物种的保护与研究。

(四)那曲农牧民生活环境与文化所急需

草原历史文化资源是草原区的草原民族在几千年历史中为我们留下的物质、非物质文化遗产。传承下来的历史文化遗迹、遗存物以及非物质遗产不胜枚举。那曲50多万农牧民群众生活环境随着城市化发展以及草原生活环境的变化等原因,导致藏民族文化有所减弱。

六、开展那曲乡土牧草研究的重要性

乡土品种的保护在促进牧草生产中具有重要作用,能丰产的品种需要进行良种选育,良种的选育必须建立在引种的基础上,通过遗传特性表现不同原始材料开展品比试验,筛选出适宜当地种植的良种材料,进而促进乡土牧草种质资源的保护工作,达到保护牧草种质资源遗传多样性的目的,对开展那曲筛选优质乡土牧草的保护工作起着承上启下的重要作用。

乡土牧草种质资源收集保存是一项造福子孙后代的千秋伟业,收集入圃的乡土牧草种质资源是我国宝贵的物质财富,是维持草牧业可持续发展的战略资源。

从当前情况看,草地环境恶化直接导致部分乡土牧草资源的枯竭,而对乡土牧草资源的不合理利用又加剧了环境的进一步恶化,形成一种恶性循环。通过牧草引种驯化工作为依托,重点以优良乡土生态草品种为主要对象,通过驯化,建立核心种质,更大限度地保护乡土牧草资源。

引种、驯化、栽培和保护不是目的,重要的是如何充分利用,为那曲市草牧业生产服务。那曲高原的独特地理环境和特殊的气候条件,发育了世界上独一无二的大面积高寒湿地、高寒草甸、高寒草原、高寒荒漠等生态系统,孕育了那曲独特的生物区系,具有丰富的生物多样性、物种多样性、基因多样性、遗传多样性和自然景观多样性,是世界上高海拔地区最珍贵的种质资源库。

开展牧草驯化工作，利用适宜牧草品种来进行天然草地改良、人工草地建设和培育，坚持"立草为业，以草兴牧"的理念，提高草地在生态环境中的功能及其不可代替性的认识，真正把草地建设为牧区经济发展和生态建设的重要组成部分，筛选、驯化和繁育乡土优质牧草品种，用于水土流失、严重退化的草地植被恢复方面，充分发挥其特殊优异的性状，为生态修复以及未来畜牧业现代化的饲草生产奠定丰富的种质基础。

七、乡土牧草种质资源的优缺点

乡土牧草是经过长期自然选择保存下来的草种，具有抗逆性强、适应性好的特点（耐贫瘠、抗寒、抗热、耐风沙、抗旱、耐酸、耐盐碱），可以在恶劣的自然环境下生存、繁殖并取得一定产量。这正是那曲牧区、半农半牧区等所需要的草种。牧民在利用大面积天然草原对家畜放牧外，还需要建植优质高产的人工草地来提供所需的饲草，同时部分已退化的天然草地也需要通过优良的乡土牧草进行改良更新，此过程都需要抗性强、适应性好的草种，而在前期建植人工草地的试验过程中发现，特别是在牧区，许多栽培牧草无法适应当地恶劣气候条件，常常出现越冬失败而难以生存的情况，唯有优良的乡土牧草能够栽培成功，这些结果也充分体现了乡土牧草的重要价值，加强了对乡土牧草种质资源的研究。

（一）乡土牧草的优点

根据抗性优点的不同，乡土牧草种质资源可大致分为三类。

1. 抗旱耐瘠牧草

如披碱草属牧草、冰草属牧草、羊茅属牧草等，可在干旱、瘠薄、寒冷、年降水量稀少的区域种植。

2. 抗风沙牧草

驼绒藜可以在年降水量较低的沙丘、沙地生长良好，在起到防风固沙和覆盖地面作用同时还可以提供大量的饲草来源，改善了生态环境。

3.耐盐碱牧草

如碱茅、赖草等，具有耐盐碱能力强的特点，可以在土壤pH值较高的环境下生长，可起到改良碱化土地作用。

（二）乡土牧草的缺点

（1）部分牧草存在再生差、生长慢、产量低于栽培牧草问题。

（2）部分牧草生长期间生长和发育时间不相同，种子成熟时间不一致，种子容易掉落，不易采种，部分豆科属牧草种子成熟时荚果容易开裂致使种子掉落，种子的硬实率高。禾本科牧草常常由于授粉不好或者未授粉出现秕籽多的情况，而且种子芒长、芒多不利于播种。

（3）质量差，茎叶较硬，木质化程度高，影响适口性，需要选择适宜的利用期或适当加工利用。

（4）某些病害较普遍，如白粉病在沙打旺、紫花苜蓿、草木樨、黄芪等豆科牧草中常有发现。

每种乡土牧草都是一个混合群体，而不是纯合的群体，因此在栽培中植株间常常是参差不齐的，对饲草收获和采种不利，从另一方面分析，却有利于从中选择育种材料培育成新品种。

综上所述，乡土牧草具有一些特殊优点，也有缺点，有些缺点对人工栽培利用是不利的，但对本身保种繁育却是必要的，因此，研究乡土牧草就是为了更好地利用其优点，改变或消除其缺点，以发挥其有益的作用。

八、乡土牧草资源的基本特性

乡土牧草资源是一种重要的自然资源，而且有其特殊的科学内涵，从资源和生产角度进行联合分析，它具有以下一些基本特征。

（一）乡土植物种类的多样性

那曲具有特殊的地理位置及海拔高度，使在其生长的乡土牧草的植物形态特征、植物区系和生理结构上都具有高原特点，由于生长在该区域的植被类型较为复杂，因此被称为"高寒生物种质资源库"，有许多青藏高原特有种，被列为国家级重点保护对象。由此可见，开展那曲生物多样性保护工作的非常重要。

（二）乡土牧草植物分布的零散性和地域性

由于日地关系及地球本身的特点，那曲形成了多种多样的生态环境，在不同的经纬度地区分布着不同的牧草品种，构成分布的地带性。反映出以热量为主导因子的植被的纬度地带性分布规律，在经度上由东向西，反映出以降水量为主导因子的森林、草原、荒漠化草原、草原化荒漠和荒漠的植被的经度地带性分布规律，同时，在各经、纬度地带内，由于地势（山体）海拔高度的差异，又反映出了相应的垂直地带性分布规律，不同的植被由不同的乡土牧草种类成分组成，而且在生态类型上，甚至在性质、数量、组合特征和生产性能上均有很大差异，另外，各种乡土牧草在其分布的地域内，与其他植物共生共存，也因其适宜的自然条件分布的复杂性而造成其本身分布的零散性。

（三）乡土牧草生产潜力的可更新性

由于气候条件有明显的年份和季节变化，土壤肥力进行周期性恢复，乡土牧草不断地生长、发育、繁殖和死亡等，因此，只要在合理的经营管理条件下，乡土牧草的生产潜力就可以得到不断补充，不断地生长和不断地恢复，乡土牧草生产潜力的这种可更新性，是人类利用牧草资源不会发生资源危机或枯竭的根本保证。

（四）乡土牧草资源数量的有限性

在一定的社会发展和技术水平条件下，所能利用的乡土牧草种类及利用部分都是有限的。这种由于地球本身的有限（陆地面积有限，不能随意扩大或缩小）和利用乡土牧草的局限，构成了乡土牧草资源数量的有限性，但这种有限性是相对的，随着社会的进步和现代科学技术的飞速发展，人类可以不断提高乡土牧草资源的利用范围和利用水平，还可以不断发掘新的乡土牧草资源，通过引种驯化使乡土变家植，培育优良品种，提高光能利用率，利用现代生物技术生产有用成分等。

九、乡土牧草资源的分类

分类是研究一切自然现象和社会现象的必要手段和必要途径，是利用乡土牧草资源、进行乡土牧草资源研究的基础工作之一，要想对乡土牧草资源进行深入研究，首先必须进行分类乡土牧草资源，研究的最终目的是合理开发利用，所以乡土牧草资源的分类是根据用途进行的。大致可分为三类。

（一）食用乡土牧草资源

包括直接或间接（饲料、饵料等）的食用乡土牧草，如饲料类（图1-3）。

图1-3 那曲市安多县（天然草地）

（二）保护（防护）和改造环境用乡土牧草资源

有改良环境、防风固沙、固氮增肥和改良土壤类牧草、绿化美化保护环境牧草。

（三）药用乡土植物资源

包括乡土中草药。

第二章 那曲乡土牧草资源分布

那曲草地总面积为6.32亿亩，由于草场面积广阔，海拔高，自然条件特殊，植物种类从东南部到西北部逐渐呈现递减的趋势。使得乡土牧草的植物形态特征、植物区系和生理结构上都具有高原特点。草地中的建群种主要是禾本科、莎草科、菊科、豆科等乡土牧草，伴生种主要以蔷薇科植物为主。这些植物一部分属于喜马拉雅区系，如粗壮嵩草（*Kobresia robusta*）、矮生嵩草（*Kobresia humilis*）、高山嵩草（*Kobresia pygmaea*）等，一部分属于中亚植物区系，如藏荠（*Hedinia tibetica*）、紫花针茅（*Stipa purpurea*）、青藏苔草（*Carex moorcroftii*）、华扁穗草（*Blysmus sinocompressus*）、垫状驼绒藜（*Ceratoides compacta*）等。受水热条件的制约，青藏高原的植被水平分布规律呈水平地带性分布。那曲从东南向西北气候明显地表现出湿润、半湿润、高寒湿润、高寒半湿润、高寒半干旱和高寒干旱的水平地带性变化。因而草地植被大体上也呈现出由东南向西北依次出现山地森林—亚高山、高山灌丛—高寒草甸—高寒草原—高寒半荒漠直至阿里地区变为高寒荒漠（甘肃草原生态研究所草地资源室和西藏自治区那曲地区畜牧局，1991；中国科学院青藏高原综合科学考察队，1988，1992）。

一、那曲乡土牧草的分布规律

（一）水平分布规律

那曲乡土牧草的水平分布受自然条件的影响呈水平地带性分布。气候从向东南到西北明显地表现出湿润、高寒湿润、高寒半湿润、高寒半干旱和高寒的水平地带性变化。由于幅员广大，加之东部地区横断山脉纵横，峡谷曲断，虽相对高差不大，但地形较为复杂。河谷海拔多在3 800～4 000 m，最低2 900 m（嘉黎县尼屋区）夏季南亚季风溯河而上，气候温暖而潮湿，而冬季干冷西风环流的影响加强。这里分布有较大面积高寒草甸草原，主要建群种有线叶嵩草、高山嵩草、大嵩草、矮生嵩草、圆穗蓼等，主要分布在中、东部。由高寒草甸向西北由于经度地带性的影响和海拔的增高，在海拔4 400～4 700（4 800）m的广阔高原面的湖盆、冲积、洪积扇、丘陵山地和河谷阶地上，广泛分布着以紫花针茅、青藏苔草、藏籽嵩、喜马拉雅碱茅等为建群种的高寒草原（图2-1）。

从上述草原地区继续往西北，便有海拔4 900～5 200 m高寒荒漠草原的零星分布。主要受阿里高原的气候影响，形成以青藏苔草和垫状驼绒藜为建群种的荒漠草原，仅在海拔5 000～5 200 m出现以垫状驼绒藜为建群种的高寒荒漠。

图2-1 高寒草原

（二）垂直分布规律

那曲的乡土牧草分布，除具有以上所述的水平分布规律外，垂直地带性分布也十分明显。由于本地区东西跨越了东经83°55′～95°5′因而地区差异很大。如东南部嘉黎县有海拔仅为2 900 m山地森林（气候类型为亚热带、暖温带），也有海拔5 000～6 000 m的高山（图2-2）。在海拔高度4 800～5 300 m草地类型为嵩草草甸，主要生长的牧草类型是线叶嵩草、高山嵩草和矮生嵩草。海拔高度5 300～5 700 m为高寒稀疏植被，海拔高度4 200～4 800 m草本层较为繁茂，最高50 cm，植被盖度在50%～80%，主要牧草有高山嵩草、线叶嵩草、早熟禾等。海拔4 800～5 300 m主要以高寒草甸草原为主，主要建群种是高山嵩草、矮生嵩草、圆穗蓼及杂类草。中部草地植被的垂直分布以色尼区念青唐古拉山为例。在海拔4 500～4 900 m的地带发育着高山嵩草草甸，高山嵩草为其建群种，在河漫滩及水溢出地带则发育着大嵩草草甸。那曲西部与中、东部地区乡土牧草垂直地带性分布规律又有很大的差异，如位于那曲西南部申扎县的冈底斯山北麓为海拔4 500～4 900 m的地带为高寒草原，主要建群种为紫花针茅，在山麓及水溢出地带则分布有华扁穗草为建群种的沼泽草甸。在海拔4 900～5 300 m的地带则为草甸草原，主要建群种为紫花针茅、高山嵩草、矮生嵩草和线叶嵩草。到了中部双湖的阿木岗南坡，其植被特征分布规律是：海拔4 500～5 000 m为高寒草原，植被建群种为紫花针茅；

图2-2　那曲市嘉黎县

海拔5 000～5 300 m为高寒草甸草原，草地植被建群种主要是高山嵩草、紫花针茅等；海拔5 300～5 400 m的地带为高寒草甸草原，草地植被建群种主要是早熟禾、矮生嵩草、高山嵩草；海拔5 400～5 500 m的地带主要为高寒稀疏植被，有数种风毛菊、势状点地梅、独一味等。

二、那曲的乡土牧草资源分布特点

青藏高原素有"世界屋脊"之称，那曲又处于西藏最北端，平均海拔较西藏其他地（市）均高，一般在4 500～5 000 m，在独特的自然气候、地形、地貌条件下，其草地资源别具特色。

（一）草地面积辽阔、类型单调

那曲地理分布为东西宽而南北窄，在西藏自治区7个地市中草地面积位居前列。其中分布在那曲中南部草地类型主要为高寒草甸草原，东部为温暖多雨的森林区，西北部为寒冷干旱的荒漠草原，北部是低矮稀疏的高寒垫状植被，从类型看，从西北到东南分别为高寒荒漠草原、高寒草原、草甸草原、草甸、灌丛草甸等。

（二）牧草产量低，地区差异大

那曲由于寒冷、干燥的气候特点，使牧草的生长环境十分严酷，具有稀疏而低矮特性，天然草场单位面积的青草产量为20～50 kg/亩，这类草地占全那曲草地面积的95.28%，还有部分草地青草产量只有8～20 kg/亩。少数泉水溢出带、河漫滩的大嵩草型草地，其产量可达200～500 kg/亩，此类草地仅占总那曲草地面积的3.75%，此类型草地是那曲牧草产量最高的一类。

地区差异性大是牧草产量的另一个特点。一般东部的牧草产量为50～60 kg/亩，高者可达80 kg/亩，中部的产草量除大嵩草外多为12～24 kg/亩，西部地区多为10～20 kg/亩。

（三）草地利用具有明显的季节性

放牧地季带的划分，主要通过地形地势引起气候的垂直地带性变化而进行的。那曲东部地区由于其高山较多，峡谷深，地形凹凸不平，十分复杂，中部和西部地形相对平坦，季节性影响放牧的现象在广袤的高原上表现得并不明显，而在一些存在高山、河谷的地带仍具有明显的季节性，在一个大的区域内，存在多种草地类型，使得放牧地的利用有较大的差异。高山地带由于其寒冷季节持续时间长，无法作为冷季放牧地，而夏秋季节，气候凉爽，水草长势良好，可作为暖季放牧地。从而使那曲地区的草地形成一定的季节利用特点。那曲的放牧畜牧业历史悠久，牧民群众对草地的利用有着丰富经验，一般可划分为冬春、夏秋两季，或冬、春、夏秋三季，或全年利用。

（四）牧草品质好，营养成分高

牧草品质的好坏，主要通过适口性、体内所含营养成分和消化率所判断。由于那曲生境条件严酷、海拔高等自然因素影响，使生长在该地区的牧草种类单一。据调查，有饲用价值的植物仅为130多种，约占植物种数的35.5%，主要生长的牧草类型有莎草科和禾本科（图2-3），且牧草的生殖枝少，叶量多，不易被家畜采食、消化吸收的木质素、纤维素少，具有较高的营养价值。

图2-3 禾本科牧草长势图

（五）缺乏天然割草地

总体来看，那曲草地的牧草长势情况主要表现为低矮疏，加上地形凹凸不平，能刈割的天然草地分布极其稀少，仅仅存在于安多、申扎、色尼、聂荣等的少数湖盆、河漫滩的沼泽化大嵩草草地甸上。班戈县的三角草草地和比如、索县、巴青、嘉黎少数河谷阶地的垂穗披碱草及白草草地上也可刈割少量的青干草，但分布面积小，只能起到调节局部的作用。因此，抗御自然灾害的能力差，不能从根本上解决本地区冷季大量缺草的矛盾。

（六）草地牧草的产量和品质

天然草地品质等级和牧草产量是在草地资源调查的基础上，根据不同草地类型的特性来评定的。草地的不同等级是根据草群中各类牧草的可消化营养物质、适口性、利用程度等指标进行划分，而划分草地"等"的唯一依据是通过各等级牧草在草群中所占的重量百分比确定的。可分为五个等级，按照《西藏自治区草地资源调查技术规程》的要求，各等级标准如下：

第一等：优等牧草占60%以上；第二等：良等牧草占60%以上，优等及中等占40%；第三等：中等牧草占60%以上，良等及低等占40%；第四等：低等牧草占60%以上，中等及劣等占40%；第五等：劣等牧草占60%以上。

草地的"级"是表示各类型草地的产草量指标，按照单位面积鲜草产量划分为8个级：

一级草地"级"亩产鲜草>800 kg；二级草地：亩产鲜草产600～800 kg；三级草地：亩产鲜草400～600 kg；四级草地：亩产鲜草300～400 kg；五级草地：亩产鲜草200～300 kg；六级草地：亩产鲜草100～200 kg；七级草地：亩产鲜草50～100 kg；八级草地：亩产鲜草<50 kg。

从草地质量来看，那曲一等草地面积为10 635.4万亩，占草地总面积的30.75%；二等草地面积为17 063.9万亩，占全地草总面积的49.34%；三等草地面积为1 951.9万亩，占草地总面积的5.64%；四等草地面积为

2 290.8万亩，占草地总面积6.62%；五等草地的面积为2 640.5万亩，占草地总面积的7.64%，从以上数据可以看出那曲的草地整体质量很好，优良草地占草地总面积占比较高，占比在80%以上。

从牧草产量来看，那曲天然草地级别一般比较低，没有一、二、三级草地。而第四、五、六、七级草地仅占总草地面积的15.00%，85%的草地属于八级，那曲草地产草量分布是极不平衡的，四级草地仅有56.9万亩，占草地总面积的0.16%，只分布在嘉黎县；五级草地1 239.2万亩，占3.61%；七级草地30 202.3万亩，占9.26%，主要分布在嘉黎、巴青、聂荣、色尼、安多等处；八级草地29 394.7万亩，占那曲草地总面积的85.00%，分布于那曲各县（区）。

三、草地类型与乡土牧草分布的关系

（一）高寒草甸草地类

作为那曲主要的畜牧业生产草地类型之一，横跨了那曲东、中部，主要分布在海拔3 800（2 800）~4 900（5 200）m的宽谷地、冲积—洪积扇、河谷阶地及高山坡地等，中部地区分布于海拔4 400~4 900（5 200）m的河谷阶地、宽谷、丘陵山地、冲积—洪积扇、山坡地等，气候温、寒而潮湿。年降水量为400~700 mm，无霜期为21~166 d。区内土壤类型以高山灌丛草甸土、高山草甸土为主，可利用土层厚度约为40 cm；东部土壤中碳酸钙的成分已基本淋失，组成草层的牧草种类，因地区不同而异，东部较为复杂，一般为10~30种，中部单调，仅为8~15种，以寒中生多年生莎草，丛生禾草及灌木为主。主要优势种及亚优势种植物有高山嵩草、金露梅、大嵩草、雪层杜鹃、矮生嵩草、草地早熟禾、圆穗蓼、鸡骨柴、川西锦鸡儿、碱茅、垂穗鹅冠草等。伴生种地区差异性较大，具有共性的种有：二列委陵菜、异穗苔草、细叶苔草、矮火绒草、乳白香青、钉柱委陵菜、藏蒲公英、恰草、羊茅、紫羊茅等（图2-4）。

图2-4　高寒草甸草地类

（二）高寒荒漠草地类

草地类主要分布在双湖北部可可西里山和昆仑山之间海拔4 800～5 000（5 200）m的湖盆砂地、昆仑山南坡山前洪积扇、马尔盖茶卡湖滨及丘陵坡地、飞马滩局部沙质地等。

该草地气候极端寒冷而干旱，夏季短暂而凉爽，冬季漫长而严寒，年平均气温-5～-3 ℃，没有绝对无霜期，日较差>40 ℃，日照强烈，紫外线极强，年降水量100 mm以下，雨季可一日数雨，频繁而量少，主要以雪霰的形式降落。乡土牧草生长期仍有80～120 d。由于气候干旱，风力强劲，地表常有砂砾石覆盖，土层有砂砾石覆盖，土层厚度仅15～20 cm，质地粗轻，发育得较为原始。土壤类型较为单一，咸湖湖积平原或干湖，往往分布有盐化土、盐土和新积土分布。组成草层的植物较为单调，仅3～5种，优势植物为垫状驼绒藜，有些地方有亚优势种植物青藏苔草。主要伴生种有二列委陵菜、藏荠、紫花针茅等（图2-5）。

图2-5　高寒荒漠草地类

（三）山地草丛草地类

此类草地主要分布在那曲的比如、巴青、嘉黎和索县海拔4 000~4 600 m的疏林阳坡地。气候湿润而温暖，夏季温暖，冬季寒冷，年平均温度在1.5~3.2 ℃，年降水量570~650 mm，80%的降水在生长季，乡土牧草的生育期为200~224 d。

土壤为山地草甸土，广泛分布于嘉黎、索县、比如、巴青海拔3 800~4 300（4 600）m的河谷阶地、山前洪积扇和线山向阳疏林地带。组成草群的植物较为复杂，有20~30种，禾本科草类为优势植物，主要有垂穗披碱草、白草、羊茅、早熟禾，莎草科草类、线叶嵩草、异穗苔草等，杂类草中主要有茵陈蒿、臭蒿和冷蒿等以及藏蒲公英、曲尖委陵菜、二列委陵菜、珠芽蓼、兰石草，西伯利亚蓼等。

第三章 那曲乡土优势牧草种质资源的保护与利用

第一节 那曲乡土优势牧草种质资源的保护

　　藏北高原由于地域辽阔，地势高，气候差异较大，草地植被异常复杂多样，造就了丰富的植物资源。常见植物有57科，179属，332种，其中禾本科种数最多，其次为菊科、豆科、毛茛科等。在现有332种植物中，占植物总数的32.3%，主要饲用植物占科、属、种总数的26.0%、26.9%、27.4%，其中禾本科居饲用植物之首，莎草科占第二位。此外，尚有豆科、蓼科、菊科、藜科等。那曲的主要有毒有害植物分别占科、属、种总数的16.0%、8.0%、17.4%。其中，毛茛科的种数占有毒有害植物之首，豆科居第二位。有毒植物系指体内含有生物碱、糖苷、酚类化合物等毒素的植物，家畜采食后引起中毒，严重者导致死亡。那曲市有害植物虽种数较多，其中主要有害植物有狼毒（*Stellera chamaejasme*）、棘豆［如小花棘豆（*Oxytropis glabra*）、黄花棘豆（*Oxytropis ochrocephala*）］等。

　　由于地势高寒、干旱、少雨等自然因素，人为因素，社会因素，使牧草植被处于十分严峻的生境，长期以来，次级生产依赖于有限且持续下降的自然初级生产力，导致牧草资源匮乏。与此同时，家畜数量的增加，加剧了草原资源的破坏，使得草原退化现象逐年加剧。2004年那曲地区最新行政区划图结合卫星遥感图像的计算结果表明，全地区土地总面积约为44.6万km^2（约66 901.2万亩），占西藏自治区面积的37.1%；其中草地总面积约为42.1万km^2，占全地区土地总面积的94.4%；湖泊、河流面积为1.47万km^2，占全地区土地总面积的3.30%；冰川、雪山面积为0.91万km^2，占全地区土地总面积的2.04%；其他用地（林地、耕地等）总面积约占全地区土地总面积的0.24%。在草地总面积中不同程度退化草地面积占草地总面积的50.8%，轻度退化草地面积占27.1%，中度退化草地面积占13.2%，重度和极重度退化的草地面积分别占8.0%和1.7%。使草原生态环境与草原畜牧业的协调发展存在着更为突出的问题。然而，由于高原生态环境比较脆弱，全球气候变暖趋势已经对藏北乃至整个西藏自然生态系统产生了一系列负面影响。有关研究表明，1961—2007年，西藏地区年平均气温每10年以0.32 ℃的速率上升，明显高于全国和全球的增温率。气候变化导致冰川退缩、贮量减少，高原冻土下界上升、冻融消融作用加强，进而诱发草地退化、土地荒漠化等问题。西藏生态环境保护和建设任务十分繁重。一是草地退化。受全球气候变暖的影响，草地退化趋势较明显，草地生态系统防风固沙和水源涵养等服务功能减弱。二是土地沙化。在强盛风力和气候干旱的共同作用下，风蚀作用加剧，土地沙化存在加剧的威胁。三是水土流失。西藏属高寒草甸和草原区，水土保持能力差。全球气候变暖使西藏冻土消融加快，易加剧水土流失。四是生物多样性受到威胁。全球变暖引起部分地区的干旱化趋势，使原生植被群落的优势种逐渐减少，出现大量杂类草植物和毒杂草类植物；部分地区的湖泊面积缩小，盐度上升。此外，鉴于气候变化的影响，主要的气象灾害包括干旱、沙尘暴和洪水；地质灾害则以山体崩塌、滑坡和泥石流为主；生物灾害则主要涉及鼠害、虫害以及有毒杂草的蔓延。

藏北高原乡土植物面临的主要威胁来自对植物资源的掠夺式开发利用，以及乡土植物生存环境的丧失和破坏。由于大量植物种类有药用价值，人们乱采滥挖、乱砍滥伐直接导致这些乡土植物资源急剧减少，生存环境受到严重威胁。另外，修筑道路、车辆碾压、取沙取土、建设水利工程、环境污染、开矿等也造成乡土植物的生存环境破坏、破碎甚至丧失，直接威胁到乡土植物的生存。

一、乡土牧草保护与利用的关系

乡土牧草资源的合理开发利用间接地促进了乡土植物资源的保护，而乡土牧草资源的保护也有利于开发利用永续利用。乡土牧草资源的负荷能力和生态系统的自我调节能力都是有限的，突破其范围草原等陆地生态系统就会朝着裸地方向演替，乡土牧草资源很快耗尽，开发利用无法继续。人们一般只注意乡土牧草资源变成商品后带来的经济效益，往往忽略乡土牧草资源所发挥的生态效益中蕴涵的经济效益，乡土牧草种质资源是一类生命力可再生的生物资源，是生物多样性的重要组成部分，是品种改良和新品种选育的基础，是生态环境建设的需求，同时它也是草地畜牧业持续发展的物质基础，对加强牧草种质资源的保护与开发利用具有十分重要的意义。

二、乡土牧草种质资源的搜集

种质资源收集包括收集任何含有遗传功能单位的遗传材料，如种子、胚、枝条等。主要收集的是乡土牧草种子，或采集枝条。收集方式包括采集、考察和引种。采集是乡土牧草种质资源收集最主要的途径与方式，通过野外直接采集获取乡土牧草遗传材料。采集时选择产量高、生长快、适应性强、适口性好、营养丰富的乡土牧草资源，在不破坏自然群体的前提下，尽可能采集群体中存在的各种"生物型"，种子数量也尽可能多些（图3-1）。

图3-1　乡土牧草种子采集

进行乡土牧草种子性状实验研究前开展牧草清选种子工作，先观察待清选种子中包括的杂质种类、种子发芽率、种子是否带芒、带刺、带壳，并对种子的名称、数量、种子生长状况等情况做好工作记录。了解需清除的对象和种子间的区别，如尺寸、性状、表面粗糙程度、颜色等，确定清选加工方法。首先，清除种子中混杂的铁丝、铁钉、石块、异种子等。其次，根据种子特性进行去壳、去芒。最后，对种子进行刷种，以刷、揉等方式去除种子表面附着物。要求清选后种子的净度应达到《豆科草种子质量分级》（GB 6141—2008）规定的质量要求。

同时，清选后种子的发芽率较清选前要有一定提高。种子清选完毕后将种子袋摆放整齐并做好标记，牧草种子标签按照《农作物种子标签管理办法》执行，种子包装袋应标明：品种名称、产地、生产日期、注意事项等。种子袋采用尼龙袋或布袋子，同时清理干净清选加工场所，防止种子发霉变质。

对收集到的那曲乡土牧草品种资源，根据育种目标结合其优良性质，株行进行比较鉴定，筛选出符合耐寒、耐旱、耐盐碱品质要求的单株并收种，再进行扩繁。通过品种观察试验，筛选出的单株要具有适应性强、遗传性稳定、长势快的特点。

三、乡土优势牧草种质资源的保护的方式

乡土牧草由于抗逆性强、适应性好、又有一定生产潜力，因此不少乡土牧草成为建立人工草地的优良草种，利用优良乡土草种可以提高草地产草量，促进家畜生产。另外一些乡土牧草除了作饲草外，也是固沙保土的优良植物，并能改善生态环境。总之，乡土牧草是一种十分珍贵的资源和财富，但那曲乡土牧草遗传资源的多样性破坏和丧失异常严重，目前还有许多遗传基础日趋狭窄的珍稀乡土牧草品种，其自然群落数量相当稀少，存在着遗传上的脆弱性和突发性毁灭的隐患。

原生境保存：指在原来的生态环境，就地进行繁殖保存牧草种质，如建立自然保护区等途径来保护乡土及近缘牧草物种。草地自然保护区是乡

土牧草生物多样性就地保护的主要途径。自然生态系统类和乡土生物类自然保护区的保护效果和安全水平，直接关系到牧草生物多样性保护事业的命运。因此，保护区系统的建立与完善和保护区功能合理利用对乡土牧草种质资源的保存具有重要意义。保护区的设立对不易引种到其他地区的乡土种和近缘乡土种的保存具有非原生境保存无法比拟的优点，是天然的乡土牧草种质库。

非原生境保存：是指牧草种质保存于该植物原生态生长地以外的地方，如建立低温种质库进行种子保存以及利用超低温保存乡土牧草种子、花粉和营养体等。

四、乡土优势牧草种质资源保护的途径

（一）开展乡土牧草种质资源研究，建立乡土优势牧草种质资源库

首先以草地资源调查为依据，生态环境因子为基础，组织开展乡土牧草种质资源调查，进一步摸清那曲乡土牧草种类、分布范围和种群数量；其次要确定优势种，观察其生物学特性，建立优势牧草资源库。以那曲乡土优势牧草品种采集及栽培为主要任务，选择生态幅较广、不同草地类型的区域进行围栏、禁牧，作为采种区。种子蜡熟期对围栏内多年生、繁殖系数高的牧草种子。结合培育新技术加强牧草新种选育工作，挖掘具有良好抗逆性强、抗旱寒、抗盐碱和饲用品质好的优良牧草品种通过野外采集取得的牧草品种得到保护及资源入库，根据原种名称、不同年份、品种特性、区域类型等，以品种、年份命名标记入库保存，建设乡土牧草种质资源库。重点对巴青披碱草、色尼披碱草、那曲早熟禾、比如野燕麦、比如野油菜、安多梭罗草、固沙草、紫花针茅、扁穗草、青藏苔草、矮生嵩草、高山嵩草、西藏嵩草、白草等主要乡土牧草进行调查、采种并做好筛选、分类、鉴定工作。利用低温干燥种子库、资源库进行原种保存。

可用来保存的牧草种质材料很多，包括种子、植株、花粉、细胞、组织和分生组织培养物、植物营养器官。随着生物技术的发展，部分地区已着手建立基因文库保存DNA片段，把保存种质建立在分子水平上。在诸

多可供保存的材料中，种子是最主要和最普遍采用的材料，绝大多数植物都可以用种子贮存，贮存种子方法简便、费用最低。多年生植物及无性繁殖植物，可以建多年生种质圃保存，对部分乡土种也可以采用原地保存方式，即在自然生态群落中保存。

1.种子贮存

种子繁殖植物的保存，是贮存种子。贮存种子工作包括两个环节，即库内贮藏和田间繁种更新。

（1）种子贮存的基本要求。以保存遗传资源为目的的种子贮存，为了保存牧草种质资源，种子贮存的基本要求是延长种子寿命，保持种子活力，维持种质的遗传完整性，使种质携带的全部信息在后代能正确、完善地传递，在贮存期间不发生明显的遗传漂移。

（2）影响种子贮存的因素。

第一，种子含水量对贮存寿命影响最大，收获后的种子应迅速将种子含水量降到临界水分以下。1984年，国际植物遗传资源委员会种子贮藏咨询委员会第三次会议建议的长期库贮存种子的含水量是3%～7%（湿重）。有的植物如大豆在干燥到含水量较低时易出现种皮劈裂损伤，应该采用含水量7%～8%。种子含水量过低同样会危害种子生命力。

第二，贮藏温度低温有利于延长种子寿命。1973年，Harrington提出的经验规则是：种子含水5%～14%，贮存温度为0～50 ℃，每降低5 ℃，种子寿命延长1倍。他还提出了一个安全贮藏的经验公式：

相对湿度的百分数+华氏温度数<100

第三，种子本身的遗传差异许多研究者发现，不同植物、同一植物的不同品种耐藏性不同，一般以含淀粉为主的禾谷类种子比油料植物种子寿命长，而许多蔬菜种子属于短命种子。

第四，种子成熟度健康、成熟、饱满的种子，通常比未成熟的种子耐贮藏。河北省廊坊地区农业科学研究所用干燥器贮存种子，结果表明，不能发芽的种子都是成熟度较差的、不饱满的或有病的种子。

第五，机械损伤及病虫害在收割、脱粒、清选过程中的机械损伤以及受病虫侵袭的种子耐贮性均降低。

以上五方面影响因素的分析，有助于制定贮藏措施。在贮存环境方面，采取低温低湿条件和密封贮藏设施。对于种子本身，要及时干燥到安全贮存的水分含量，选用成熟、饱满、无伤、无病虫的优质种子，可以延长种子贮存寿命。

2. 营养体、组织、花粉贮存和资源圃及保护区保存

（1）除了保存种子外，一些最优良的无性系和母株要采用营养体贮存方式。木本植物也可以贮存插条、接穗用的枝条。

（2）试管培养物贮存可用茎尖分生组织进行组织培养，把试管苗贮存在较低温度下。

（3）植物遗传资源圃。有些多年生植物，不宜用或不能用种子保存。这类植物可以建立多年生植物遗传资源圃，在圃内保证一定的群体，并应及时管理，防治病虫害。这种保存方法使用土地和经费较多。

3. 建档入库

把每份资源材料的鉴定结果记入档案，长期保存，这是一项十分重要的工作。牧草种质资源的档案可分资料档案和实物档案。资料档案包括登记簿、检索卡（名称、编号、产地、优异性状）、资料档案卡（各年鉴定结果）、目录、照片等。其中资料档案卡的项目应尽量齐全，这是一份总档案。实物档案一般是种子和穗标本。它们按原号顺序编号并排列好，存放在工作库或标本室内。所有资料档案的项目和数据，都应逐步输入电子计算机贮存，即数据库，以便检索各种资源材料和性状。

（1）标本采集及压制。乡土植物采集最忌草率行事，草率行事又影响采集植物标本的整体工作，而且很容易发生安全问题。因此，在采集工作开展之前，必须做好各种准备工作。采集前的准备工作主要选择和确定采集地点，准备所需查阅资料，进行安全知识学习，了解植物采集方面的知识以及准备采集的用品、用具等内容。

在一切都准备好的情况下，按照事先确定的采集路线进行采集和压制标本。在采集过程中，不管好看的还是不好看的，常规的还是罕见的，大

型的还是小型的，都要采集，做到仔细观察，尽量采集。要采集完整且正常的标本。完整的标本必须是具有茎、叶、花、果，对草本植物来说，还需要根以及变态茎、变态根。正常的标本则采用标本体态正常，采集的标本的大小常取决于台纸的大小。采好的标本及时编号（编号的方法是在号牌上写号码），然后将号牌拴在标本的中部，号码要用铅笔写，以免遇水褪色。

野外记录是一项非常重要的工作，因为日后对一份标本进行研究时，它已经脱离了原本的环境，失去了生活时的新鲜状态，特别是木本植物标本，仅仅是整体植物上极小的一部分，如果采集时不及时作记录，植物标本就会丧失科学价值，成为一段毫无意义的枯枝。因此，必须对标本本身无法表达的植物特征进行记录，记录越详细越准确，标本的科学价值就越大。因此，必须坚持做好记录，并将采集的植物及时压制标本，妥善保存。

记录的项目主要有：

号数：与标本号牌上的号码相同；

产地：要写明行政区号名以及山河名称等；

环境：植物生长的生境，如林下，灌丛，水边，路旁，平地，丘陵，山坡，山顶，山谷等；

海拔高度：每种植物分布的海拔高度范围；

树皮：记载树皮颜色及开裂状况；

叶：主要记载毛的类型及有无，有无乳汁和有色浆液，有无特殊气味等；

花：记载花的颜色、气味、自然位置等；

果实；主要记载颜色和类型；

科名：学名，定名；可以后补记。

植物标本编号记录以后，将根部和其他部分的泥土去掉，集中放入采集箱中，到达休息地点时，压入标本夹的吸水纸层间，临时装压，对于体形较大的草本，先将标本折成"V""N""W"形，然后再放入标本夹中。

植物标本的种类很多，如腊叶标本、立干标本、浸制标本等。其中腊叶标本的制作省工省料。便于运输和保存，是最常用的一类植物标本。我们主要制作腊叶标本。新鲜的植物，先经过压制，使它失去了水分变成干后，腊叶标本就初具规模了。基本步骤如下：

装压：先在标本夹上，放3～5张吸水纸，然后放上标本，再放上3～5张吸水纸，然后再放上标本，使标本和吸水纸相间隔。

换纸：标本压入以后，要勤换纸，若换纸不及时，标本会发霉、变黑，初压的标本吸水纸通常每天要换2～3次。3 d后每天换1次，7～8 d就可以完全干燥。

整形：在第一次换纸时，要对标本进行整形，其做法是尽量枝叶花果平展，并且使部分叶片和花果背面朝上，如有过分重叠的花和叶，可以剪去一部分，但要保留叶柄，叶茎和花梗。

多汁的块根、块茎和鳞茎不容易压干，可以先用开水烫死细胞，然后纵面剖开进行压制，肉质多浆植物也不易压干，而且常常在标本内继续生长，以致体形失去常态，也应先用开水烫死后再进行压绘制。

在野外采集时，我们对所采集的每份标本的形态特征，只能大致了解，这就必须利用压制标本的机会，对每一份标本进行详细的解剖观察。在观察标本的形态特征时，务求仔细、全面，并且要着重观察花果的形态特征。

（2）制作和保存标本。标本压干后进行消毒。将已压干的标本放在消毒箱铁纱上，关闭箱盖，得用气熏的方法将害虫杀死，3 d后取出并将消毒后的标本装订在台纸上。装订步骤如下：

第一，上台纸时，先将标本摆好位置，留出左上角和右下角，以便粘贴采集记录复写单和标本签。放置时，要尽可能反映植物的真实形态。

第二，装订标本用纸条粘贴。其做法是先用小刀切取宽2～3 mm的纸条备用，在台纸的正面选好几个固定点，用小刀在紧贴枝、叶柄、花序、叶片等部位的两侧，切几对纵缝，将先切好的纸条两侧分别插入缝中，穿到台纸反面，并将纸条收紧，再用胶水在台纸背面将纸条粘牢，大的根茎和果实用纸条不易固定，可用白纸替代。细弱的标本，直接用合成胶水粘在台纸上。

第三，按采集记录册中的内容，填好复写单，贴在台纸的左上角。

第四，确定标本的定名，学名和科名。将定名填写到标签上，贴在台纸的右下角，一份腊叶标本就制作完成了。

（二）建设乡土牧草原种保护区、采集区

一定的草地类型，应当有与之相适应的动物种群组合。组合是否恰当，可以提高或降低草地生产能力。保护好牧草资源和环境极为重要，牧草资源作为草原资源的主体，在人类的生活和发展中，发挥了关键性的作用，草原跨越多种水平和垂直气候带，在复杂的自然条件下，形成了丰富多样的植物物种和植物群落，因此草原生态系统蕴含着丰富的牧草种质资源，是人类重要的天然物种基因储存库。作为遗传多样性的载体，是生物多样性和生态系统多样性的基础，也是国家生产力可持续发展的战略资源，对草地科学技术进步有重要作用，关系到国家的生态安全，为维护独特那曲的生态环境起到了不可代替的作用。

然而，随着那曲草地生态系统日益恶化，草地生物多样性受到严重威胁，牧草种质资源丧失和流失情况严重。为了维护生态安全，提高那曲生态环境质量，针对那曲乡土牧草种质资源的多样性和优势性，对具有区域特点的优质、优势巴青披碱草、那曲早熟禾、比如野燕麦、比如野油菜、安多梭罗草、固沙草、紫花针茅、线叶嵩草、青藏苔草、矮生嵩草、高山嵩草、西藏嵩草、冰草等乡土牧草种子可进行原种保护。根据牧草分布情况，在那曲中东西建设优势乡土牧草不同品种原种保护区，作为乡土牧草种质资源采集区域，逐步建成那曲乡土牧草原种永久保护区，并建立围栏加以保护。

在确定的采种地内应采取力所能及的措施加以管理、如清除毒杂草，补播，施肥，防治病、虫、鼠害等，以提高所需乡土种子产量和质量。大多数野生牧草种子成熟期极不一致，且落粒性强，所以采种要适时，不能过早，也不能过迟。在优良牧草零星分布的地区，可用人工采穗或成株收割。采集的种子要分种装袋。并贴标签注明名称、采集地、采集时间和地

理位置。如数量大且可大面积种植的牧草，可在大田生产、繁殖；如数量少，则要留足驯化栽培用种藏北高寒牧区乡土牧草采集区划分详见表3-1。

表3-1 乡土牧草原种保护区、采集区统计分析

地点	乡土牧草原种保护采集区
色尼区	色尼披碱草、尼玛赖草
	高山嵩草、西藏嵩草
尼玛县	藏北早熟禾
	紫花针茅、固沙草、青藏苔草
安多县	梭罗草、冰草、紫花针茅、白草
巴青县	巴青披碱草
比如县	野油菜、野燕麦
聂荣县	矮生嵩草、青藏苔草
申扎县	华扁穗草、白草
	固沙草
班戈县	紫花针茅
双湖县	固沙草

（三）建设乡土牧草驯化栽培试验基地

乡土牧草是在一定的自然条件下，经过长期的自然选择，群落种间相互竞争和制约的结果，使乡土牧草具备了适应气候因子、土壤因子、地形因子、生物因子及人类活动的能力，环境与乡土牧草间的互相选择和改造，导致乡土牧草对环境的要求不严格，生态幅度广，特别是抗性表现突出，如抗旱、抗寒、抗病虫性。那曲野外环境恶劣，植株低矮、种子数量和质量较差、落粒性强等原因不能满足机械化大面积采集种子，但在大田栽培条件下，并且提供良好的水热肥条件时，乡土牧草在株形、生物量等

方面有了明显的提高。从而选择驯化栽培那曲乡土牧草品种，选育出新的牧草品种，进而增加种质资源。

经过几十年草地科研工作者的努力，选育出了适宜那曲高寒草甸黑土滩植被恢复的牧草品种，老芒麦、草地早熟禾、垂穗披碱草、青海冷地早熟禾等牧草品种经过驯化栽培，成为栽培品种，在高寒草甸植被恢复中发挥了重要的作用。但是，截至目前，还未选育出应用于高寒草原生态修复的牧草品种，出现无种可用的现状，生态修复工作显得十分艰难，而那曲普遍选用披碱草、早熟禾等作为高寒草原生态修复牧草品种，且每年种子100%外购。种子是草业"芯片"，是草产业发展"卡脖子"的关键，为把"卡脖子"问题牢牢把握在自己手中，藏北高原乡土牧草梭罗草的开发与可持续利用对藏北高原高寒草原生态修复治理与种业发展有广阔的应用前景。

为系统长期观察、测定乡土牧草的物候期、营养成分、牧草产量、抗旱性、越冬率、抗寒性、抗病性、抗盐碱性、种子产量以及驯化牧草种子采集等方面的品种特征。通过建设乡土牧草驯化栽培试验基地，经过品观试验，初步筛选出乡土牧草品种，进行品种比较及扩繁试验。进而筛选出适应那曲环境的优势品种。

1. 品种比较试验

（1）试验设计。对经过品观试验，初选出的牧草品种，进行品种比较试验，小区面积按具体要求而定（一般要求10～15 m²），试验地周围设置保护小区，采用随机区组设计3次重复。

（2）测试项目。物候期、营养成分、越冬率、抗寒性、抗旱性、抗盐碱性、抗病性、种子产量。

2. 区域性试验

（1）试验设计。不同类型生态区域进行多点区域性试验，各试验点面积按标准要求而定（一般要求0.3～0.4亩/单个品种），以当地同类型推广品种为对照。

（2）参试材料。选择从品比试验中筛选出的牧草品种。

（3）测试项目。物候期、越冬率、抗寒性、抗旱性、抗盐碱性、抗病性、种子产量。

3. 生产试验

对经过区域试验筛选出的牧草新品种，进行生产性试验，各试验点面积依标准要求而定，对照品种为当地同类型推广品种。

测试项目：干草产量、种子产量等。

选育出的牧草新品种具有合理程序的一致性和遗传稳定性，其产量要高于当地同类型主要推广品种，其品质、成熟期、抗病虫性、抗逆性等性状表现突出，对选育出的优质牧草新品种进行植物学特征和生物学特性等品种特征特性研究，在不同生态区域试验的基础上，研制其栽培技术，并进行试验示范（图3-2）。

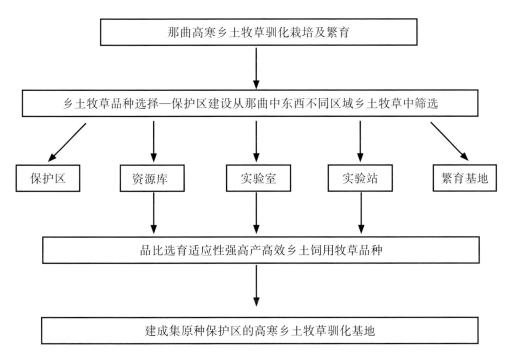

图3-2　那曲乡土牧草驯化栽培及繁育技术路线

（四）乡土牧草种子繁育推广基地建设

通过试验小区驯化栽培及技术突破，筛选优势牧草种子在繁育基地进行种子繁育，建成优势牧草种子繁育基地，最终所繁育出来的牧草种子应用于草地植被修复利用。

1. 牧草育种的主要育种目标

（1）产量性状。牧草高产作为评定牧草品种好坏的基本条件，具体包括以下特性，如牧草产量、再生性、种子产量、刈割性、分枝分蘖能力、株型等。

牧草产量：一个育成的牧草品种可比当地主要推广品种适应性强，这是一个稳定可靠、效益显著的增产技术措施。

种子产量：一些以无性繁殖为主的牧草，可以用种苗数量或无性扩繁系数等来表示。在不同牧草和品种间的种子产量差异较大，由于环境条件的影响甚至不能形成正常的种子。

再生性和多刈性：再生性差的牧草，刈割后很难恢复生长，因而可刈割次数较少，一般每年只能刈割1/2次；再生性好的牧草，刈割后很快就能恢复生长，可刈割次数较多，一年内可进行多次刈割。

密度和分枝能力：种植密度过小会影响种子产量和牧草产量；密度过大则会抑制植株的生长发育，而且容易引起倒伏，降低牧草和种子产量，并导致草产品质量下降。牧草分枝分蘖能力是种和品种的重要特性之一，是草群密度自我调控的主要途径，对牧草产量的形成有较大的影响。

株型：牧草的株型主要有高秆型、矮秆型、紧凑型、松散型、匍匐型、直立型等。合理的株型是获得高产的基础，高秆型品种植株生长高大，具有较高的营养价值，有利于获得较高的产量；矮秆型品种乡土牧草生长发育茂盛，具有较好的抗倒伏性，有利于牧草种子的采集。

（2）品质性状。草业生产的根本目的是高产优质。牧草品质的好坏影响着家畜的生长发育。在现代化草业生产中，改善牧草品质，降低有毒有害物质残留，提高营养价值越来越重要。对牧草的品质要求一般包括其体内含有营养价值、牧草适口性、消化率以及有毒有害物质等方面。

营养价值：牧草的饲用部分既指营养成分，如干草、籽实、块茎、块根、等所含营养物质的组分，包括粗蛋白、粗纤维、粗脂肪、无氮浸出物和微量元素，蛋白质中含有各类氨基酸，重要的维生素等。

适口性：适口性好的牧草，家畜喜欢采食；适口性差的牧草，家畜厌食，采食率低。

消化率：家畜对营养物质的吸收主要体现在对牧草消化率高低程度，提高牧草中可消化营养物质的含量，是培育乡土牧草的重要目标之一。

有毒有害成分：指的是家畜采食后引起身体反应的所有物质，如苜蓿中含有的皂素，家畜采食后会引起胀肚反应；羊茅属中含有毗咯灵，家畜采食后会发生跛足病和脱毛的现象。草木樨中含有的香豆素，因此在乡土牧草驯化和栽培时应尽量培育低毒、无毒的牧草品种。

（3）抗逆性。乡土牧草对外界恶劣环境抵抗能力的强弱，在后期的驯化、栽培过程中将直接影响育种的成败，筛选出抗逆性强的乡土牧草是驯化、栽培的主要目的，乡土牧草抗逆性主要体现在以下几个方面：

抗病虫性：具有一定的病虫害抗御能力是对牧草新品种的基本要求，也是作为衡量乡土牧草适应性的一项重要指标，在牧草育种时，要将具有抗病虫性强的乡土牧草作为主要目标。

耐寒性、耐热性与耐旱性：对气候条件的耐受性是牧草生长发育过程中对自然环境最基本的适应性能，特别是那曲优良牧草应具备的基本条件，也是多年生牧草向逆境生态区域推进的重要育种目标。

耐盐碱性和耐酸性：就是指牧草对土壤盐碱等矿物质环境的耐受能力。那曲分布大面积的盐碱地，针对植物耐盐碱机制和生理生化过程，有计划、有目标地开展牧草耐盐碱育种，培育耐盐碱牧草品种具有十分重要的现实意义。

耐牧性：牧草耐牧性对天然或人工放牧场也十分重要，耐牧性强的草地不仅生产能力强，而且再生性能好，使用年限长，培育耐践踏、耐牧性好的牧草品种，应从牧草的根系发育、再生性能、自繁性能、茎叶强度等方面考虑，因地制宜地确定具体可行的育种目标。

2. 牧草种质资源的鉴定评价

鉴定的主要目的是合理、有效地利用乡土资源，根据鉴定项目不同，对各种乡土牧草鉴定的内容也不相同。

（1）农艺性状鉴定。鉴定记载与农业生产或栽培活动关系密切的一些性状。以苜蓿为例，包括生育期、株高、整齐度、耐盐性、抗旱性、结实率、千粒重和饱满度等。

（2）植物学性状鉴定。描述每份材料的主要植物学性状，一般有茎、叶、花、果实、种子的形态特征，如上述各器官的形状、大小、颜色、有无刺或茸毛等。一般侧重鉴定花和果实。

（3）抗逆性鉴定。不同牧草品种对逆境表现出的适应力有所不同，抗逆性鉴定就是通过对不同乡土牧草品种对那曲特殊的环境表现出的反应程度，开展鉴定工作，同时从大量乡土牧草资源中筛选能够抵抗干旱、耐冷、耐淹渍、耐盐碱等特性的优良乡土牧草品种。

第二节　那曲乡土优势牧草种质资源的利用

那曲部分牧区牲畜主要通过采食冷季草地上的枯黄草越冬，由于牧草在冬春季的保存率少、体内营养成分含量低，无法正常给家畜提供所需的营养成分。青海省的测定结果显示，8月鲜草体内粗蛋白质含量为9.38%～11.42%，到翌年4月降低至2.86%～1.81%，降低较明显。由此可见在枯草季节对家畜实行完全放牧，无法满足家畜所需的营养成分，特别是比如、色尼、班戈、索县存在牲畜超载的情况下饲草短缺的现象更为严重。就那曲的畜牧业生产现状和今后的发展来看，若要减少家畜在冬春季节掉膘和大量死亡现象发生，就需要加强饲料的储备数量。只有贮备一定数量优良饲草料，才能保障畜牧业生产的稳步发展。随着生产责任制和联包责任制的建立，根据牧区劳动力缺乏，任务大的特点，由几家联合建立丰产稳产的人工饲料基地，这样，既可防止特大自然灾害（暴风雪、风暴）的袭击，又可在冬春缺草季节给老、弱、病、幼畜进行补饲。

利用和开发那曲本地的优良乡土牧草品种，最根本的目的是用于培育适宜那曲种植优良新品种，建植大规模的人工草场，从而有效解决引进品种难以适应那曲特殊环境，产生适应性差的问题。在做好基础生物学研究的前提下，进一步加强对优质牧草性状的研究。同时，有针对性地开展那曲乡土牧草的栽培和人工驯化试验，渐渐筛选出适宜那曲种植的优质牧草品种。对性状良好的牧草品种，要进一步开展选育工作。通过不断地遴选和培育，将该牧草品种逐渐转变为适宜那曲大面积种植的牧草品种，最终形成优势牧草品种。或者，通过杂交选育的方式，筛选出适应那曲气候生长的牧草品种。

乡土牧草往往具有零星分布、产量低的特点，将其种植在原生境地，通过栽培驯化，开展集约化生产实验，可达到易成活，植株体内有效成分不变，投资少、见效快的目的。乡土牧草是自然选择的产物，其一些性状如味道、产量及适应性等可能与人们的要求不一致，所以要搜集种质资源，利用其自然存在的大量变异，选育优良品种，迁地种植即引种时更应对牧草进行生物学、生态学研究。

一、优势乡土牧草选择

牧草是发展畜牧业的重要物质基础，发展人工草地是解决草畜，稳定发展农牧业的必然措施。近年来随着农牧业生产的发展，人工种草已普遍开展。那曲乡土牧草具有适应性强，营养价值高等优点，但由于产量低，无法满足当地农牧民的需求，因此在立足本地牧草资源的基础上，以抗寒、抗旱、抗盐碱和饲用品质好为优良乡土牧草的选育目标，采用系统选育的方法进行驯化，建立原种圃、鉴定圃，筛选出适宜于各种退化草地类型植被恢复的生态草种。

引种包括两个含义，一是将栽培植物从原栽培地区移至另一地区种植，二是将乡土植物人工栽培，两者都是使植物的生存环境有所改变，凡能适应新环境并获得满意结果的，即认为引种成功。凡不能适应或不完全适应新环境的植物，在人工培育和采取一定措施条件下，经过几个种植世代后，逐渐适应了新环境，正常生长发育，开花结实，繁殖后代并能保持原种的特性，即为引种驯化。一般的植物引种驯化，采取种植种子或幼苗的方法，加强培育，经过逐渐迁移，或第一代培育在人工保护的风土条件下，经过二三代或更多世代的连续播种，使植物在新的环境中适应并能繁殖后代，称为引种驯化。

研究证明植物在长期发展过程中，形成了保存自己的遗传性，同时也具有对风土变化的适应性和变异性，植物的引种驯化主要是利用其适应性及变异性而达到目的的。植物的适应性因种类不同而异，有的较强，有的较差。在乡土牧草的研究中，发现有以下几种不同类型。

第一类乡土牧草在良好的栽培条件下（耕作过的疏松土壤、通气性好、水分养分充足），不但表现生长发育正常，而且有所改善，如植株增高、茎叶更加繁茂、产量增加、生产潜力得到进一步发挥，如披碱草等。

第二类乡土牧草有特殊的抗性，如适应沙地的能力强，在不毛的沙地也生长良好并获得一定产量，因此可成为改良沙地，增加加沙地植被的主要草种，如碱茅。上述两类牧草的特点是适应性强，能充分利用良好的栽培条件，发挥其生产潜力，因此可以直接采集乡土种建立人工草地，这类牧草现称作乡土栽培种。

第三类乡土牧草经引种试验观察，在栽培条件下不能开花结实，仍然保持自然状态下的生长状况没有任何改善，有的植株矮小，有的茎叶不繁茂，也未发现有提高的潜能，因此未加以开发利用，这类牧草不能在良好的栽培条件下发挥其生产潜力，可能是由于在严酷的环境中，长期自然选择形成的遗传保守性较强，短期内不易打破所致。还有些一年生牧草，在栽培条件下生长状况减退，如狗尾草在栽培条件下表现不好的原因，可能是由于其本身为田间杂草，人工播种后土壤环境一样，而植株密度增加，营养面积缩小，加大了同种竞争力，影响个体发展所致。

二、那曲乡土牧草的利用

以"种质资源保护利用、新品种选育、良种繁育"为重点，突出优势区域和优良品种，形成以基地为依托、产学研结合、育繁推一体化的草种繁育体系，为草原生态建设和现代畜牧业发展提供良种保障。以那曲退化草地生态修复与生产功能提升为目标，从受损系统保护与修复治理、应用技术模式、区域适应性评价和示范推广四个方面进行科技攻关，完成草原生态保护与建设，使得草原生态环境明显改善，草地可持续发展能力有效增强，初步形成人与自然、环境和谐统一的草畜平衡草地生态系统。

（一）人工种草基地的建设

原那曲市草原站先后从青海等海拔相近区域引进牧草品种100余种，其中燕麦品种16种、小黑麦品种5种，饲用油菜品种12种、饲用青稞品种4种、豆科牧草品种12种，其他牧草品种34种，野生优势牧草品种13种。通过5 m×6 m小区栽培品比试验、栽培筛选，已推广应用适宜牧草品种19种。自2017年开始，先后在色尼区那么切乡4村、6村；那曲镇13村、14村、16村；罗玛镇2村、5村等村开展房前屋后人工种草技术研究与示范，共开展草原法、房前屋后和区域化人工种草技术、生态修复治理技术、鼠害隔离防治技术等实用技术培训，带动房前屋后人工种草示范户650余户农牧民群众参与，积极推广青海444、甜燕麦、箭筈豌豆、高秆油菜等6个牧草品种，平均亩产鲜草3 966.4 kg，折合青干草约0.9 t，饲草产量和补饲效果显著，受到了农牧民群众的喜爱和欢迎。

2018年，在那曲镇14村裸荒地和退极重度化草地开展鼠害隔离防治技术示范研究和区域化人工草地节水自压灌溉增产增效技术研究，以及"冬圈夏草"设施循环利用技术示范推广工作。目前在那曲镇14村已建植成多年生放牧——刈割型草地300亩，多年生披碱草和早熟禾等优质牧草平均植株高度在71.8 cm、32.8 cm，植被盖度在87%以上，平均鲜草产量600.0 kg/亩。

在前期各项研究工作的基础上，利用农牧区水热条件优越、地势地理较好的区域或鼠荒地、裸荒地建植已驯化完成的优势乡土牧草单播或与引进牧草的混播草地，充分利用乡土品种的适应性，引进品种的高产性，期内开展围栏封育、低扰动松土补播、施有机肥料、禁牧休牧和节水灌溉等各种单项技术，逐步建立生态修复样板，为那曲的将来提供示范带动模板。同时可以有效缓解冬春饲草料缺乏问题，减轻放牧对草场的压力。

（二）生态保护与修复

以那曲退化草地生态修复与生产功能提升为目标，从受损系统保护与修复治理、应用技术模式、区域适应性评价和示范推广四个方面进行科技攻关，利用乡土牧草品种抗逆性，与前期引进的高产牧草混播种植，开展生态修复治理区重建工作、高产牧草种植区种植工作、牧草生育期观测记录和补播工作以及乡土优势牧草植被群落原种保护和施肥增效试验。以垂穗披碱草、青海草地早熟禾、冷地早熟禾、沙生冰草、同德小花碱茅、老芒麦、星星草、青海中华羊茅、高羊茅等20多种生态牧草品种及尼玛赖草、安多梭罗草、芨芨草等乡土牧草品种为主，开展不同播量、不同施肥品种组合处理。通过定期观测生态修复区牧草生长情况，动态掌握了生态修复成效，有效防止水土流失和土壤退化沙化。进一步提高植被稳定性，完成草原生态保护与建设，使得草原生态环境明显改善，草地可持续发展能力有效增强，初步形成人与自然、环境和谐统一的草畜平衡草地生态系统。

1. 轻度退化草地保护工程

从草地生态系统退化机理或修复机理，从草地生态土壤、地上地下植被土壤互馈和轻度退化草地的修复规律难度大小考虑，在轻度退化草地内开展以优先保护为主，根据保护修复需求程度，人为干扰递减趋势开展禁牧2年＋放牧2年轮牧体系上配套鼠虫毒杂草害防控和低扰动松土施肥补播技术示范，其中补播播量与有机肥料施肥量为理论播量与施肥量各自的一半，即禁牧2年＋放牧2年＋低扰动补播施肥/2＋鼠虫毒杂草防控。

2. 中度退化草地保护修复工程

从草地生态系统退化机理或修复机理，从草地生态土壤、地上地下植被土壤互馈和轻度退化草地的修复规律难度大小考虑，根据保护修复需求程度，在中度退化草地内开展以保护修复并重为主的技术措施，主要开展禁牧3年+放牧2年轮牧体系上配套鼠虫毒杂草害防控和低扰动松土施肥补播技术示范，即禁牧3年+放牧2年+低扰动补播+施肥+鼠虫毒杂草防控。

3. 重度退化草地修复保护工程

从草地生态系统退化机理或修复机理，从草地生态土壤、地上地下植被土壤互馈和轻度退化草地的修复规律难度大小考虑，在重度退化草地内开展以优先修复为主，根据保护修复需求程度，人为干扰递增趋势开展禁牧3年+放牧1年轮牧体系上配套鼠虫毒杂草害防控和低扰动松土施肥补播技术示范，其中补播播量与有机肥料施肥量为理论播量与施肥量各自的一倍，即2倍低扰动补播施肥+禁牧3年+放牧1年+鼠虫毒杂草防控（图3-3）。

图3-3 退化草地修复

第四章 那曲乡土优势种质资源

西藏作为中国五大牧区之一，草地面积占全国天然草地总面积的1/5，目前天然草地面积为13.23亿亩，是西藏生态安全屏障的重要组成部分，草地植物共有3 171种，隶属116科640属，其中饲用植物2 672种，分别属于83科557属。那曲草地总面积为6.32亿亩，那曲高原是青藏高原的重要组成部分，常见植物57科，179属，332种，其中饲用植物106种，占植物总种数的31.93%。原那曲市草原站从1978年在那曲中部门地乡（原红旗公社）相继开展了20个品种的牧草引种试验；截至2020年累计引进79个牧草品种。但乡土生态牧草筛选、驯化、栽培研究等工作仍为空白。伴随着青藏铁路的建设，牧草育种工作开始注意到天然草地的乡土牧草种质资源。

一、嵩草属牧草

（一）嵩草属牧草植物学特性

嵩草属（*Kobresia*）植物为多年生草本，根状茎短缩，稀伸长匍匐状。秆多为丛生，稀散生，具三棱，基部被枯死的叶鞘所包裹。叶基生，条形、线形或丝状，扁平或席卷。花序顶生，有小穗排列成复穗状花序或圆锥花序或小穗单一顶生，雌雄同株或异株；小穗两性或单性，由多数支小穗组成，如为两性，则顶生的支小穗为雄性，侧生的为雄雌顺序或雌性；支小穗朵1至数朵；花单性，无花被；雄花具有2～3枚雄蕊，生于1枚鳞片腋内；雌花生于1枚鳞片腋内，仅具1枚雌蕊，为先出叶所包；先出叶膜质，其边缘在远轴一侧分离或部分合生，少数种类完全生成囊状；退化小穗轴存在于小坚果腹面的基部；柱头2～3。小坚果三棱形或双凸透镜状，具喙或无喙。随着海拔的升高，叶片厚度、表皮细胞外切向壁的加厚程度，同化组织的分化程度、叶中栅栏组织的发达程度、根中输导组织和地上部分机械组织的发达程度均有所下降，而气生茎中的同化组织，地上部分的维管系统和输导组织，地下部分的机械组织，以及气腔和根状茎中的横向输导组织均趋于发达（图4-1）。

图4-1　嵩草属形态特征

（二）嵩草属牧草生物学特性研究

1. 物候期

在高海拔地区特殊的自然条件下，为了适应恶劣的生境及气候，乡土牧草的物候期发生了较大变异。在高寒地区，嵩草属牧草的生育期一般较短，气温回升的4月底至5月初，嵩草则处于返青阶段，此时花葶已从叶丛中抽起，并开花结实，自6月以后便进入漫长的果后营养期。

2. 生物量特性

嵩草属牧草的生长速度较慢，产量较低。植株趋于低矮，叶片变小，光合作用产物消耗很少，这都是极端环境胁迫所致。体内丰富的类胡萝卜素和类黄酮含量是吸收大量紫外线，防护对植株的损伤，提高高寒植物生存能力的主要途径之一。嵩草营养枝条的季节变化有两个高峰期，而线叶嵩草的生殖枝有一个明显的高峰期，其他嵩草无高峰期。株体矮小的高山嵩草和矮嵩草地上部分生物量峰值在8月出现，地上部分生物量积累最快的时期是6—8月。嵩草幼苗生长极为缓慢，4年的幼苗只有少部分的分蘖，无生殖枝条的形成。它的种子自然发芽率很低。

3. 牧草营养

高寒的特殊生境下不同海拔嵩草属的乡土牧草营养物质含量也不同，其蛋白质、脂肪和碳水化合物的含量有明显差异，季节性动态变化均有明显的影响。研究表明，较强的抗寒性和适应逆境胁迫的能力，与体内蛋白质、脂肪和碳水化合物（淀粉）的大量积累密切相关。

4. 生理特性

在那曲特殊的高寒环境条件下，乡土牧草的生理特性也有其独特之处。随海拔升高矮嵩草叶绿素含量有降低的趋势，而叶绿素值和类胡萝卜素含量则随海拔升高而增高。生长地区海拔越高，矮嵩草光合速率，光补偿点、光饱和点就越高；矮嵩草光合作用特性受生长环境因素的影响，光呼吸强度有随海拔升高而降低的趋势。低温胁迫导致矮嵩草的光合速率、表观量子产额降低，低温下的光照加剧了光合作用抑制的程度。

5. 繁殖方式

牧草的繁殖是与植物所获取的空间资源和养分资源及其遗传特性紧密相连的。高海拔地区的特殊生态环境条件下，乡土牧草的繁殖方式也有着不同的方式，高原嵩草属的多数种多采用克隆繁殖为主，种子繁殖为辅的策略。高山高草一般是由种子产生幼苗或上年复合分蘖上产生的芽返青后从叶鞘内逐步抽出并发育成单分蘖，单分蘖发育到一定阶段后，叶鞘内发出新芽，进入了复合分蘖阶段，当复合分蘖形成并达到成熟以后，其中一部分在下一年继续产生新芽，最初的分蘖则在中心点于秋季产生花芽，来年返青后花芽抽穗并形成生殖枝。生殖枝发育成熟以后广生柳子，但是数量极少，最后死亡随着无性系的增大，最早发育成的复合分蘖逐渐死亡，并由中心向四周发生，所以随着株从年龄的增大易形成中间分蘖个体稀少甚至秃斑、四周密集近似环形的无性系结构。

二、披碱草属

品名：巴青垂穗披碱草

审定状态：西藏审定品种

申报单位：西藏农牧学院、西北农林科技大学、中国科学院地理科学资源研究所、西藏自治区农业农村厅

巴青垂穗披碱草是禾本科披碱草属多年生牧草，为乡土栽培品种。具有适应性强、品质优良，抗寒耐异性较强等特点。在西藏高寒的极端生境条件下，牧草的抗性是非常关键的因素，尤其是它的种子萌发及成苗情况。在那曲的特殊气候条件下，催芽剂能使披碱草种子提早萌发，并提高种苗的生长势及抗逆能力，尤其是在偏低温及盐害逆境中，效果更为显著。干旱胁迫下披碱草幼苗的组织相对含水量下降的幅度最低，细胞膜受害轻，游离脯氨酸积累得最多，相对生长率最高，表现出很强的抗旱性。

巴青垂穗披碱草在那曲高原"黑土型"退化草地上从返青到种子成熟需要154 d左右，能完成整个生育过程。该地区9月下旬由于枯霜的到来，牧草进入枯黄期，停止分蘖。披碱草在生长前期分蘖数呈递增动态，孕穗期分蘖数达最大值，孕穗期后由于抽穗，开花和完熟时需消耗营养，造成部分分蘖枝死亡，总分蘖数减少，分蘖数呈递减动态。分蘖速度在1年内的动态呈递减动态，孕穗期后为负增长期。垂穗披碱草在当地年均生长天数为128 d，越冬率为91%，叶片重量可达地上总重量的69%，是适合当地种植优良牧草。巴青垂穗披碱草生地上各器官的生物量从返青到完熟一直处于不断增长的过程，9月初达极大值，9月中旬开始减少。种群地上净生物量以生育第三年最高，生长速率以拔节后期至开花期最大，作为青干草或青贮利用以乳熟期（8月中旬）刈割为宜。

（一）形态特征

株高60～120 cm，根茎疏丛状，须根发达。秆直立，叶扁平，长6～8 cm，宽3～5 mm，穗状花序排列较紧密，小穗多偏于穗轴的一侧，曲

折，先端下垂，小穗绿色，成熟带紫色，长12~25 mm，外释长披针形，千粒重3.39 g（图4-2）。

图4-2　披碱草属形态特征

（二）适应性及环境条件

巴青垂穗披碱草对水热条件要求不高，适于在高寒地区栽培。适应性随栽培年限延长而提高。总的生长发育规律是生长前期植物地上部分增加速度较快，到抽穗期达到最大值，以后逐渐下降。垂穗披碱草在人工、半人工草地建植后第二年，物种多样性指数、生物量、优势种群特征、草场质量和土壤特征因不同草地类型而有所变化。人工草地在建成后4年内植物群落由"生产稳定性"急剧向"生态稳定性"转化，呈现出明显的退化态势，退化原因与毒杂草侵入和有效养分逐步匮缺有关。加强高寒地区人工草地建成以后的后期管理如灭杂、灭鼠，施肥和禁止放牧等，对防止人工草地退化，提高利用效率，保持垂穗披碱草人工草地生产稳定性与生态稳定性之间的平衡极为重要。

（三）主要价值

巴青垂穗披碱草适宜在青藏高原海拔 3 000～4 800 m 的温凉地区种植，其鲜草产量和干草产量在不同海拔区域差异较大，分别为 900～2 000 kg/亩和 270～540 kg/亩，种子产量为 20～50 kg/亩。初花期，其鲜草相脂肪 25 g/kg、蛋白质 12.3 g/kg、粗纤维 30.2%、水分 9.4%、无氮浸出物为 39.5%、灰分为 6.1%，从初花期至结实期牧草营养品质有所下降。

（四）栽培技术要点

播前准备：清除田间杂草残枝根系及种子等杂物后，施用基肥进行翻耕，翻耕深度 25 cm。

播种时间：夏、秋播，适宜播种时间为 5 月中旬至 8 月上旬。

播种方法：条播，播深 2～3 cm，播量 2～3 kg/亩，行距 20～30 cm 为宜，播后进行镇压。出苗后，可根据出苗情况及时进行补播，补播量为 0.27 kg/亩。

田间管理：施用腐熟的厩肥作为基肥，施用量 2 000～4 000 kg/亩。在分蘖期、抽穗期结合灌水追施尿素，10～15 kg/亩。

病虫杂草防除：垂穗披碱草幼苗期生长缓慢，易受杂草抑制，要及时进行防除杂草，在低海拔区域易发生的主要病害有锈病、赤霉病等；主要虫害有蝗虫、草地毛虫等，需加强监测和防治。

收获利用：用于调制青干草的垂穗披碱草，应在孕穗期刈割。收获种子时，在种子田的 60%～70% 的种子达到成熟时，即可全部收获。

刈割：在抽穗期刈割，生长第一年只刈割一次，之后每年刈割 2～3 次，留高度 5～10 cm。

三、冰草属牧草

（一）形态特征

冰草属是多年生草本植物，须根发达，外具沙套；秆直立，疏丛型，基部膝曲状弯曲，上被柔毛，株高 20～60（75）cm；叶片披针形，长

5 ~ 15（20）cm，宽0.2 ~ 0.5 cm，扁平或内卷，叶下面较光滑，上面密生茸毛，叶鞘短于节间且紧包茎，叶舌膜质；穗状花序长2 ~ 5 cm，呈矩形或两端微窄：每节着生1小穗，小穗无柄。顶生小穗常退化，小穗互相密接呈覆瓦状，每小穗含3 ~ 11朵小花；颖具1 ~ 3条脉，两侧具宽膜质边缘背部主脉形成明显的脊，先端具芒尖或短芒；内稃与外稃等长或稍长，先端常二裂；颖果与稃片黏合不易脱落，舟形，较小（图4-3）。

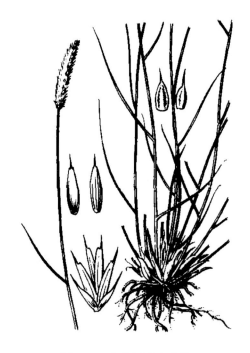

图4-3 冰草属形态特征

（二）适应性及环境条件

与其他多年生牧草（无芒崔麦，黑麦草，草木樨）相比，冰草被认为是非常抗旱的牧草，这主要由于它具有旱生结构。如根系发达且具沙套，叶片窄小可内卷，干旱时气孔闭合，在严重干旱时期，冰草的叶片内卷、变黄、茎部凋萎，植株外形呈枯死状态，但一遇降雨，便开始返青，并继续生长，在雨水充足的年份，冰草像其他多年生牧草一样，产量显著增加。冰草不耐水淹，不宜在长期春泛下湿地或沼泽地上种植，否则根系会腐烂。

冰草只有在一定的光照（数量和强度）的条件下，枝条才能通过光照阶段，并能形成生殖枝。对于冰草的幼龄植株，光照条件能加速或减慢它们的生长和发育，增加或减少生殖枝的数量，从而影响到种子的产量。冰草对土壤要求不严，耐瘠薄。在黑钙土，暗栗钙土、沙壤土、沙土上均能生长。在潮湿和酸性土壤中生长不良，对盐碱土有一定的适应性。

（三）栽培技术要点

播前准备：冰草具有很强的抗旱性和抗寒性，不耐涝。生产上应选择地势较高、平坦、排灌方便、肥沃松软且富含有机质的壤土类地块。播种前1 d将育苗基质装入穴盘，每穴播2～3粒种子，播后覆盖0.3～0.5 cm厚的营养基质，期间保温保湿。播种前先用20～30 ℃的温水浸种2～4 h。

定植：冰草种子播种后35～40 d长到4～5片叶子的时候进行移栽定植，作畦栽培，行距为40～50 cm，株距为30～40 cm。整地时备足基肥，每亩施用农家肥500～1 000 kg、三元复合肥20～30 kg。

田间管理：冰草适宜生长温度是20～30 ℃，在遇到强光或者高温天气时应该采取一定的遮光措施。夏季栽培高温影响其生长，应该及时进行降温处理。在定植后应及时浇水，在生长阶段，待土壤表面干燥时浇水。如清晨叶面出现萎蔫现象，可在9：00左右进行叶面喷水。幼苗期生长缓慢，应及时中耕除草。要获得优质冰草，在定植缓苗后应及时为植株补充盐分，用粗盐或食盐配制成浓度0.1％含Na^+的水溶液滴灌浇水，每亩用量不超过2 m^3，约1个月补充一次Na^+的水溶液。

病虫杂草防控：冰草因带盐，所以病虫害很少，在栽培中应以预防为主，主要虫害有蚜虫、白粉虱和金龟子。虫害以物理防治为主，通过搭建防虫网，悬挂黏虫板、诱虫灯、铺设地膜等进行防治。设施栽培注意勤通风除湿，以降低真菌性和细菌性病害的发病机会。

收获利用：冰草为优良牧草，青鲜时马和羊最喜食，牛与骆驼亦喜食，营养价值很好，是中等催肥饲料。冰草因为其品质好，营养丰富，适口性佳，被各种家畜所喜食，又因返青期早，能较早地为家畜提供青饲料，冰草具有抗旱性、耐寒性、耐牧性以及产子较多等优点，在放牧地区建立旱地人工草地中发挥了重要的作用，成为中国北方干旱及半干旱地区人工草地建植的重要牧草之一。

四、早熟禾属

早熟禾（*Poa annua*）禾本科，多年生，根须状。秆丛生，高10～20 cm，直径约1 mm，具1～2节。叶鞘长于节间，基部者平滑，上部微粗糙，顶生叶鞘位于秆之中部以上；叶舌膜质，长1～3 mm；叶片两面粗糙，长3～5 cm，宽1.5～2.5 mm，扁平或对折。圆锥花序椭圆形，长4～6 cm，宽1.5～3 cm，每节具分枝2～3枚；分枝粗糙，开展，基部即着生小穗，主枝长达2 cm；小穗倒卵形，绿色或稍带紫色，长4.5～6 mm，含3～6小花；颖阔披针形，顶端锐尖，脊上部粗糙，具3脉，第一颖稍狭，长3～3.5 mm，第二颖长3.5～4 mm；外稃长圆状披针形，顶端尖而稍带膜质，脊和边脉中部以下密生短柔毛，具5脉，间脉不明显，上部粗糙，下部脉间被短柔毛，基盘无毛或有微毛，第一外稃长3～4 mm；内稃与外稃等长或稍短，沿脊微粗糙；花药长约1.5 mm。花果期6—9月（图4-4）。

图4-4 早熟禾属形态特征

早熟禾非常适应冷凉湿润的高海拔区，是青藏高原区最为常见的物种之一。以生态和牧用为目的培育的早熟禾，其利用年限长，生产性能优良。研究表明，由于受引种区域海拔条件、气温状况、降水量和蒸发量比率、土壤状况等因素影响，那曲乡土早熟禾地上生物量和根系生物量均高于青海冷地早熟禾（栽培种），说明那曲乡土早熟禾对高原环境有更好的适应能力。早熟禾地上生物量随牧草的生育期推进而增加，到9月初达最大值。

根据《那曲乡土驯化早熟禾的生产性能和品质评价》一文中所述，那曲采集驯化的早熟禾材料关联度相差较小，说明本土早熟禾在那曲高寒地区栽培种植生产性能和营养水平均表现较高，具有进一步研究和生产推广的价值。

五、紫花针茅属

在西藏广泛分布于阿里中部、那曲高原、雅鲁藏布江中上游高山地带及藏南高原湖盆区，属寒冷半干旱的高寒草原，分布地区海拔4 500～4 800 m，气候寒冷干燥，为典型大陆性高原气候，年平均气温-40 ℃，≥0 ℃年积温不足1 500 ℃·d，≥10 ℃年积温小于650 ℃·d，无霜期9～50 d，降水量150～300 mm。土壤为高山草原土，pH值8.0～8.7。紫花针茅作为建群种组成紫花针茅、紫花针茅—小嵩草（*Kebresia parva*）、紫花针茅＋青藏苔草（*Carex moorcroftii*）、紫花针茅—变色锦鸡儿（*Caragana versicolor*）＋金露梅、紫花针茅—羊茅等草地型。紫花针茅高寒草原草地类型中面积最大，畜牧业有较大的影响，是藏系绵羊的主要放牧草场。

（一）形态特征

多年生草本。秆直立，细瘦，高20～45 cm，具1～2节，基部宿存枯叶鞘，叶鞘平滑无毛；叶舌膜质，披针形，长3～6 mm，叶片纵卷如针状，基生叶稠密，叶长为秆高的1/2。圆锥花序基部常包藏于叶鞘内；长达15 cm左右，分枝单生或孪生；小穗呈紫色；颖披针形，长13～18 mm，外稃长约9 mm，背部遍生短毛；芒两回膝曲，遍生长约3 mm的羽状毛。颖果，长约6 mm（图4-5）。

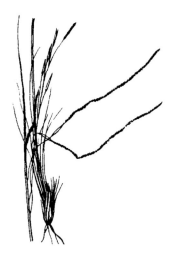

图4-5 紫花针茅属形态特征

（二）主要价值

抽穗开花之前，茎叶柔软，适口性好，含粗蛋白质高，粗纤维少，营养价值比较高，各种家畜都喜采食。青鲜时，牦牛、马、驴最喜食，羊也采食；干枯后，羊、马食其干草。种子成熟后，尖锐的针芒可刺入羊特别是羔羊的皮肤，引起创伤，降低被毛的质量，犊牛食其草籽可引起结膜炎。因此，秋季不宜在紫花针茅为建群种的草场上放牧羔羊和牛犊；对马无害，故可先牧马群，踏趟草场后，再放牧其他家畜。耐牧性强。

（三）生长环境

紫花针茅分布在高寒半干旱的地理环境，由于自然条件严酷，优质牧草种类少，而多为灌木类，相比之下，紫花针茅在抽穗开花之前，其适口性好，粗蛋白质高，粗纤维少，营养价值比较高，茎叶柔软，耐牧性强，各种家畜都喜采食。由于种子成熟后，尖锐的针芒可刺入羊体特别是羔羊的皮肤，引起瘙痒，降低毛的质量，牛犊食草籽引起结膜炎，因此，秋季不宜在紫花针茅为建群种的草场上放牧羔羊和牛犊，但对马无害，故可先牧马群，使其踏趟草场后，再放其他家畜。

六、豆科属

品名：藏苜1号紫花苜蓿

审定状态：西藏审定品种

申报单位：中国农业科学院兰州畜牧与兽医研究所、中国科学院地理科学院与资源研究所

（一）形态特征

藏苜1号紫花苜蓿株型紧凑，茎直立，分枝较多，根系发达，在土层深厚的条件下以垂直主根系为主，侧根多，入土深；在土层薄、砾石多的土壤中，部分根系的垂直主根变得不明显，斜向下或接近水平伸展的分枝根系增粗较快。叶片大小中等，叶色浓绿，叶型以长卵圆形为主。花紫色或深紫色；螺旋形荚果1.5～2.5旋；种子千粒重1.9～2.5 g，在不同年份和地点的差异较大。在海拔4 000 m以下的河谷农区灌溉栽培具有较高的饲草生产能力，种植两年以后的草地可刈割2～3次。在海拔较低，降水较少的区域具有较高的种子产量（图4-6）。

图4-6　豆科属形态特征

（二）主要价值

苜蓿初花期营养成分：粗蛋白质19.23％，粗脂肪2.96％，粗纤维19.9％，粗灰分11.0％，无氮浸出物47.0％，中性洗涤纤维36.5％，酸性洗涤纤维29.6％，钙16.9 g/kg，总磷0.36％。可直接饲喂家畜，也可调制、加工草产品等；其次作为蜜源植物和生态草，可用于养蜂、水土保持和植被修复。

（三）生长环境

适于西藏海拔4 000 m以下的河谷农区及其类似地区灌溉栽培。在西藏建植种子田，应选择海拔3 600 m以下，年降水量420 mm以下的地区。

七、豆科胡卢巴属

品名：雪莎1号

审定状态：西藏审定

（一）形态特征

豆科胡卢巴属一年生草本植物，2020年12月经西藏自治区草品种审定委员会登记。雪莎1号是西藏自治区农牧科学院从西藏本地农家种中，经11年系统选育出的豆科胡卢巴属草品种。具有早熟（全生育期120 d以内），株高较高（全株高80～90 cm）、生物产量大（最高鲜草产量达2 300 kg/亩），籽粒产量高（100～120 kg/亩）等优点，适合于海拔3 700 m以内河谷农区单作、间作、轮作，既能养地又是优质豆科饲草。

雪莎1号草质柔嫩，叶量多，适口性好，开花末期刈割粗蛋白21.40％、粗脂肪1.30％、灰分13.13％、钙1.43 g/kg、中洗纤维42.07％、酸洗纤维39.53％、粗纤维24.56％。具有较高的饲用价值。

（二）栽培技术要点

在拉萨种植，5月初播种，播种量10.0 kg/亩，6月底至7月开花，花腋生无梗1～2朵，蝶形白色花冠。8月结细长扁圆筒状荚果，直或稍弯曲，前端具长喙，内有种子10～20粒，矩圆形，种子颜色因成熟程度不一致而表现为褐色、黄绿色等：9月上中旬可成熟。苗期需强化控制田间杂草，适当施肥灌溉，有助于获得高产，通常全生育期灌溉4次。

第五章　安多梭罗草研究进展

梭罗草（*Kengyilia thoroldiana*）生长土壤主要为高山草原土，成土母质为洪积冲积物、湖积物、残坡积物和风积物等。土壤质地粗糙疏松结构性差，多为砂砾质、粗砾质或沙壤质，成土过程较弱，无草皮层。高寒草原是在高山和青藏高原寒冷干旱的气候条件下，由耐寒的多年生旱生草本植物或小灌木为主所组成的高寒草地类型，外来引进牧草品种很难适应该区域的气候条件。通过调查，在沙化或退化草原的沙地中长势良好，对耐寒耐旱表现出极强的适应性。在安多县海拔4 587 m处做样方调查时发现，群落总盖度在67%，梭罗草盖度高达51%，植株高度28~41 cm，梭罗草为优势种，紫花针茅、青藏苔草、二裂委陵菜等为伴生种。

一、野生梭罗草分布

梭罗草主要分布在高寒草原，西藏是我国高寒草原类草地的集中分布区，分布最广，面积最大的一个草地类型，该草地类分布面积最大的是藏北、阿里地区，其面积分别占全区高寒草原草地面积的43.05%和39.74%。藏北高原梭罗草较为集中分布在安多县，在班戈县、双湖县和申扎县均有零星分布，占据着一个极为广阔而连续的空间。

二、野生梭罗草种子采集

那曲区域内驯化栽培梭罗草牧草品种起步较早，原那曲地区草原站于1992年6月对其采集的野生梭罗草在原那曲地区草原站试验基地进行了初步试验性种植，种子采集于安多县帕那镇，在正常年份下每年采集部分种子进行相关性研究。

三、安多梭罗草驯化过程

（一）野生梭罗草的发现与采集

原那曲地区草原站工作人员对安多县野生梭罗草驯化栽培工作起步较早。于1985—1988年原那曲地区畜牧局及甘肃草原生态研究所主持下，组织甘肃农业大学、中国农业科学院土壤肥料研究所、兰州大学等单位的科技人员进行了那曲草地畜牧业资源调查工作，初步摸清了那曲草地资源，于1991年由甘肃科学技术出版社出版了《西藏那曲地区草地畜牧业资源》，其记载梭罗草属禾本科鹅观草属，多年生密丛生草本，分布班戈、申扎、双湖和安多县，生长于4 700～5 100 m的山坡草地及谷地多沙处。并于1991年原那曲地区草原站在安多县帕那镇下乡途中在天然草地发现梭罗草，经过访问当地牧民与调查生长环境得知，该牧草牲畜喜欢吃，叶量相对较大，喜欢生长在沙化或退化草原的沙地中长势良好，再生能力强。专业技术人员当年开展了植物学特征、生物学特征及其各项指标的调查，调查发现，在乡土禾本科牧草中种子能成熟、小穗大、适口性好、在高海拔干旱沙化区域长势好以及采集方便等方面具有突出的优势，并采集部分种子带回原那曲地区。

（二）梭罗草的栽培面积

目前，在安多县、嘉黎县、色尼区和尼玛县均开展了梭罗草相关基础研究工作，种植面积50亩以上，为后期藏北高寒草牧区万亩乡土牧草扩繁基地建设奠定种子保障。

（三）野生梭罗草驯化栽培阶段

一是试种阶段。于1992年6月对其采集的野生梭罗草在原那曲地区草原站试验基地进行了初步的试验性种植，对生长发育、越冬、植物性特征等进行了全面的考察，专业技术人员在田间经过7年的实地观察，结合野外调查初步评选鉴定，一致认为梭罗草具有较好的驯化栽培和推广价值。二是适应性试验阶段。于1999年在中部嘉黎县措拉镇进行适应性种植研究；2002—2005年在百亩试验基地进行了种植；2009—2013年在原"那曲地区现代草地畜牧业示范基地"进行种植；2014—2016年在色尼区那曲镇14村开展梭罗草生态修复效果试验研究；2017—2019年在现代农业产业园区开展梭罗草相关播种量试验研究；2020—2022年在安多县强玛镇和尼玛县尼玛镇万亩饲草基地种植，并开展品种比较试验研究。三是种子田建设阶段。在开展适应性研究的同时，通过每年的筛选，表现优异、长势均匀的植株单独筛选后第二年再进行扩繁。目前，正在尼玛县万亩有机饲草基地计划开展乡土生态牧草梭罗草种子扩繁千亩基地。

四、梭罗草栽培种与野生种对比

（一）生育期比较

2020年在安多县开展栽培种与野生种对比试验研究，2020年种植牧草种子来源于2018和2019年产业园区试验基地挑选出植株长势均匀，穗部大而均匀等优势植株种子。通过对比发现栽培种与野生种在生育期上有一定的差异，野生梭罗草比栽培梭罗草生育期更短，2021年野生梭罗草早熟7 d，2022年野生梭罗草早熟5 d（表5-1）。由于栽培梭罗种植期间采取了施肥、除杂等农业措施，致使栽培梭罗草生育期相对野生梭罗草较长。

表5-1　梭罗草的栽培种与野生种的生育期比较

草种名称	年份	生育期（月/日）						生育天数（d）	生育天数之差（d）
		出苗/返青期	拔节期	抽穗期	开花期	乳熟期	完熟期		
梭罗草栽培种	2020	6/16	/	/	/	/	/	/	/
梭罗草野生种		5/21	6/20	7/5	7/18	8/10	8/19	90	
梭罗草栽培种	2021	5/18	6/17	7/4	7/20	8/12	8/23	97	7
梭罗草野生种		5/22	6/22	7/7	7/16	8/9	8/20	90	
梭罗草栽培种	2022	5/17	6/13	6/30	7/18	8/9	8/20	95	5
梭罗草野生种		5/20	6/11	6/28	7/18	8/11	8/18	90	

（二）主要性状比较

对比野生梭罗草与栽培梭罗草的株高、茎秆、穗形、落粒性及千粒重5项指标（表5-2），通过对比发现，栽培品种与野生品种存在一些差距，栽培梭罗草在株高、千粒重、穗长、落粒性方面均强于野生品种，穗形变化不太明显。

表5-2　梭罗草的栽培种与野生种的主要性状比较

性状	栽培梭罗草	野生梭罗草
株高	32～77 cm	15～35
茎	秆密丛生，基部倾斜	秆丛生，基部倾斜
穗形	穗状花序偏于一侧，长圆状卵圆形，穗长5～7 cm	穗状花序偏于一侧，长圆状卵圆形，穗长平均3～4 cm
落粒性	较弱	强
千粒重	5.7～6.5 g	4.4～5.7 g

五、梭罗草的植物学特征

梭罗草，多年生草本，秆密丛生，基部倾斜，高10～35 cm，具1～2节；叶舌极短或缺；叶片内卷，近基部疏生软毛。穗状花序偏于一侧，长圆状卵圆形，含3～6小花；颖长圆状披针形，颖背面具长柔毛，先端锐尖或渐尖至具短尖头，第一颖片长5～6 mm，具3脉，稀4脉，第2颖片长6～7 mm，常具5脉；外稃背部密生粗长柔毛，具5脉，第一外稃长7～8 mm，先端延伸的小尖头长1.0～2.5 mm；内稃稍短于外稃，先端下凹或2裂，脊上部具硬长纤毛，下部1/3处毛渐短，甚至黑色，千粒重5.7～6.5 g。

六、梭罗草的生物学特征

梭罗草适应性特别强，在藏北高原生长于海拔4 400～5 100 m的高寒草原，根系发达，能够充分吸收水分；抗逆性强，对土壤选择性不强。在年最低气温低于-40 ℃、年降水量为247.3～513 mm，年蒸发量为1 500～2 300 mm，年均大于17 m/s的大风日约200 d的恶劣自然条件下均能安全越冬，正常生长发育，体现了极端的耐寒和耐旱性。抗病能力强，在藏北高原天然草地生长以及人工栽培近30多年均未发现病虫害。在旱作条件下种植，一般在5月中旬开始播种，种植第一年主要以营养生殖为主，生育期只能进行到分蘖期，种植第二年生长迅速，一般在5月中旬返青，8月中旬至下旬种子成熟，生育天数在95～97 d，完成整个生育期。

七、梭罗草主要农艺现状

（一）产量

牧草产量是衡量一个牧草品种生产性能的主要指标之一，产量的高低受到管理、自然条件等外界因素的影响。梭罗草在西藏那曲安多县种植，种植第一年平均植株高度为11.03 cm，不测定产量；第二年平均植株高度为75.89 cm，平均干草产量为1 974.19 kg/hm²，平均种子产量为515.56 kg/hm²；第三年平均植株高度为76.93 cm，平均干草产量为2 018.16 kg/hm²，种子产量为564.45 kg/hm²。

（二）营养成分及适口性

牧草营养价值主要取决于蛋白质和纤维素等含量，蛋白质越高，纤维素含量越少，其牧草品种就越好，对梭罗草进行了常规营养分析（表5-3），主要从粗蛋白质（CP）、粗灰分（CA）、粗脂肪（EE）、粗纤维（CF）、干物质（DM）、磷（P）、钙（Ca）进行测定，其蛋白质含量高，粗纤维低，叶量丰富，茎叶柔软，表面无刚毛，适口性好，消化能高。

表5-3　梭罗草的营养成分比较

样品编号	粗蛋白质（%）	粗灰分（%）	粗脂肪（%）	粗纤维（%）	干物质（%）	磷（%）	钙（g/kg）
SL-01	6.41	4.70	1.45	33.9	92.1	0.14	1.82

（续表）

样品编号	粗蛋白质（%）	粗灰分（%）	粗脂肪（%）	粗纤维（%）	干物质（%）	磷（%）	钙（g/kg）
SL-02	6.44	4.69	1.44	33.6	92.1	0.15	1.88
SL-03	6.48	4.7	1.45	33.3	92.1	0.15	1.90
SL-04	6.44	4.8	1.47	33.9	92.2	0.41	1.82
SL-05	6.50	4.51	1.45	34.0	92.1	0.15	1.80
SL-06	6.45	5.00	1.50	34.1	93.0	0.15	1.90
SL-07	6.49	4.85	1.5	33.9	92.2	0.14	1.80
SL-08	6.49	4.88	1.48	33.6	92.3	0.14	1.81
SL-09	6.47	4.89	1.45	33.8	92.2	0.15	1.83
SL-10	6.45	4.91	1.47	33.9	93.3	0.14	1.82

（三）生长发育

梭罗草在无灌溉条件下种植，一般在5月中旬返青，5月下旬至6月中旬拔节，6月下旬至7月初抽穗，7月中旬至8月初开花，8月中旬至下旬种子成熟，生育天数在95～97 d，完成整个生育期（表5-4）。

表5-4　梭罗草的生育期

年份	生育期（月/日）						
	出苗/返青期	拔节期	抽穗期	开花期	乳熟期	完熟期	生育天数（d）
2020	6/16	/	/	/	/	/	/
2021	5/18	6/17	7/4	7/20	8/12	8/23	97
2022	5/17	6/13	6/30	7/18	8/9	8/20	95

（四）分蘖和再生能力

梭罗草分蘖能力较强，在藏北高原旱作栽培情况下，第一年分蘖4～8个，第二年分蘖12～17个。

八、梭罗草栽培技术要点

牧草种植也要向种植农作物一样精耕细作，做到"精细草业"，根据不同牧草种子大小、重量等应采取不同的栽培措施。

（一）土壤耕作

牧草的生长发育离不开光照、空气、水分和养分。其中：水分和养分主要是通过土壤供给的，土壤的通气状况和土壤温度的变化也直接影响着牧草的生长，牧草只有生长在土壤松紧度和孔隙度适宜，水分和养分充足，没有杂草和病虫害，物理化学性状良好的土壤上才能充分发挥其高产优质的性能。由于梭罗草为多年生禾本科牧草，第一年生长缓慢，易受杂草为害，且高寒地区生长季短，因此，在高寒地区只有进行合理的土壤耕作，才能为播种、出苗、生长发育创造良好的生长发育条件。一是耕地。在那曲区域内种植梭罗草前将地深翻25～30 cm，翻地深度均匀，接垅严密，翻伐整齐，地面平整，无漏耕，以利蓄水保墒。二是镇压。镇压可使表土紧实，压碎大块，并使土壤平整。在5月播前镇压，使底土紧实，起到提墒作用为牧草种子的播种准备较为适宜的苗床，并于6月播后进行镇压使种子与土壤紧密接触，使种子接墒萌发，镇压一般用铁制环形镇压器。

（二）播种

在那曲高寒地区，据当地的气候特征和梭罗草的生物学要求，种子田在雨热同季且少风的6月上旬机械条播，播种量为4 kg/亩（播种量可根据种植区海拔高度以及区域环境影响适当提高播种量），播种深度为2～3 cm，播种行距为15 cm。

（三）生产田管理技术

一是除杂。播种当年严禁牲畜采食和践踏。梭罗草苗期生长缓慢，易受杂草为害，杂草不仅争水、肥、光、抑制牧草生长，降低牧草产量，而且影响牧草品质。建立高产、优质的人工草地必须做好杂草的防除工作，生产田于当年3叶期至分蘖期用2, 4-D丁酯乳油每亩用量75 g，加水

15～20 kg（5%浓度）在晴朗无风天用机械喷雾车进行喷雾。二是松耙与追肥。生产田播种后3～4年，由于牧草根系盘结，土表积累大量未分解的有机质而逐渐板结、紧实、透水、透气能力差，因此为延长梭罗草的利用年限和不断提高其生产力，在牧草返青后用有开口器的条形播种机结合追肥，对土壤进行松耙，改善土壤的理化性状，每亩施尿素5 kg、磷酸二铵7 kg，开沟深4～5 cm。

（四）生产田收割技术

一是牧草收割时间。牧草收割时间对于牧草的再生性、刈割次数及下一年的产量均有较大的影响，兼顾梭罗草各种营养物质的收获量、消化率、营养成分的变化及生长状况，梭罗草在抽穗至初花期刈割较为适宜。二是牧草刈割高度。刈割高度对牧草的产量、质量、当年牧草的再生和来年的生长有很大影响。当刈割留茬过高，往往造成牧草产量的损失，若过低将影响牧草刈割后的再生和牧草地下器官营养物质的积累，使得新枝条生长减弱，牧草生活力下降。连年低茬刈割会引起牧草的急剧衰退。从梭罗草牧草收获量和其生活力出发，刈割留茬高度以5 cm为宜。三是种子收获。梭罗草种子落粒性较强，一般人工收种，待种数70%～80%进入蜡熟期即可收割。机械收种一般以70%～80%种子进入完熟期为宜。

第二部分

那曲退化草地修复
治理技术

　　草原兴则生态兴，生态兴则牧民富。藏北高寒草地是大自然馈赠的宝贵资源，是畜牧业发展和人类赖以生存的生产资料，也是藏北牧区重要的畜牧业资源。在生态系统中草地具有涵养水源、防风固沙、调节气候、土壤保持、改良土壤、培肥地力、维护生物多样性、碳固定、净化空气、美化环境、草原文化旅游等生态功能，是我国重要的生态安全屏障，同时草地也能为畜牧业生产发展提供所需饲草。

　　党的十八大以来党中央高度重视生态文明建设，针对生态环境保护提出一系列生态文明新思想新要求新决策，坚持把生态文明建设作为统筹推进"五位一体"总体布局和协调推进"四个全面"战略布局的重要内容，把生态文明建设融入经济建设、政治建设、文化建设、社会建设各方面和全过程。党的二十大报告指出，"大自然是人类赖以生存发展的基本条件。必须牢固树立和践行绿水青山就是金山银山的理念，站在人与自然和谐共生的高度谋划发展"，"坚持山水林田湖草沙一体化保护和系统治理""加快发展方式绿色转型""深入推进环境污染防治""提升生态系统多样性、稳定性、持续性""以国家重点生态功能区、生态保护红线、自然保护地等为重点，加快实施重要生态系统保护和修复重大工程""积极稳妥推进碳达峰碳中和"。中央第七次西藏工作座谈会指出，"确保生态环境良好""保护好青藏高原生态就是对中华民族生存和发展的最大的贡献""守护好高原的生灵草木、万水千山"。为了加强青藏高原生态保护，防控生态风险，保障生态安全，建设国家生态文明高地，促进经济社会可持续发展，实现人与自然和谐共生，2023年

4月26日第十四届全国人民代表大会常务委员会第二次会议通过了《中华人民共和国青藏高原生态保护法》。2024年中央一号文件指出，"加强农村生态文明建设""一体化推进乡村生态保护修复""加强森林草原防灭火"。这为我们做好、实施好草原生态修复与保护指明了方向，提供了根本遵循。

近几十年，随着畜牧业经济的快速发展和全球气候变暖，在自然因素和人为因素的双重作用下，草原退化已成为生态环境保护面临的严峻挑战。藏北那曲部分区域草地也逐步出现草地生产力下降和草地植被退化的现象，载畜量下降，鼠害加剧，水土流失，毒杂草增多，生物多样性减少等一系列生态问题，藏北那曲草地退化将成为那曲社会、经济、生态可持续发展的重大障碍，影响着那曲高寒牧区农牧民经济收入、生活质量及现代化的发展进程，制约着那曲现代畜牧业可持续发展。

据2019年遥感监测结果显示，藏北草地植被退化状况有所缓解，植被总体上改善面积大于退化面积，但草地生态环境保护与生态文明建设仍任重而道远，需要通过农牧业技术及有效措施对草地生态进行恢复、保持，不断提高草地生产力，促进畜牧业可持续健康绿色发展。

目前，在之前草地研究工作者对那曲草地科学保护生态和合理利用草地资源工作中，积累的丰富经验基础上，以及在"藏北典型半干旱高寒草甸植被恢复与综合整治技术研究与示范""那曲鼠害隔离防治技术研究与示范""藏北人工草地节水自压灌溉增产增效技术研究与示范""那曲适应性牧草品种筛选与典型极度退化高寒草原生态修复重建技术研究与示范"等项目的调查研究背景下，认识到藏北草原生态保护与建设的重要性和草地退化程度的严峻性，因此，因地制宜提出草地补播、生态重建、围栏封育、休牧、禁牧、合理施肥、灌溉、人工种草、草地退化监测等高寒草地退化综合治理关键技术措施及对策，以防止草地退化，在充分发挥大自然的自我修复能力的前提下，适当采取人工修复措施，使那曲草绿、水清、天蓝、境美、畜壮、民富，使草地能够持续稳产、高产，提供高产优质的畜产品，最终实现草地畜牧业的高质量发展，实现草原生态、牧业、牧民健康、协调、可持续发展。

第六章 概 论

　　草原是最大的陆地生态系统和最重要的绿色生态屏障，也是藏北那曲农牧民生产生活的基本生产资料。中国式现代化是人与自然和谐共生的现代化，藏北生态文明建设关乎农牧民群众福祉，关乎各民族未来，必须完整、准确、全面贯彻创新、协调、绿色、开放、共享的新发展理念，推动形成绿色发展方式和生活方式，全方位、全地域、全过程开展生态环境保护建设。退化草原生态修复是当前我国草原生态建设最紧迫的任务，须用最严格的制度、最严密的法治保护藏北那曲生态环境，把建设美丽藏北转化为各族群众自觉行动，推动绿色发展，促进人与自然和谐共生。

第一节　　退化草地的生态修复

一、草地退化

　　草地退化是指草地生境因子和草地生物因子的改变所导致的草地生产力、经济潜力、服务性能和健康状况的下降或丧失（图6-1、图6-2）。草地植被一般具有较强的自我保持和修复能力，其实质就是人类活动尚未超越草地本身的负荷限度，在天然植被自我恢复能力的调节下，生态系统保持着动态的平衡，环境相对稳定，但当破坏的程度达到草地自我恢复的极限时，草地植被得不到休养生息的机会，草地原生植被就会出现不同程度的退化，大量毒杂草开始滋生蔓延，优势种减少，优质可食牧草比例大幅度下降，导致植被盖度下降，出现了大量的裸露地和次生地，植物群落构成结构趋于简单，土壤种子库得不到补给，造成草地退化，且速度惊人，生态告急。

图6-1 典型退化草地

图6-2 鼠荒地

二、退化草地等级划分

高寒草地（高寒草甸、高寒草原）占总面积的60%以上，本节高寒草地退化等级分类主要对退化草甸草地和退化草原草地进行等级划分。根据草地退化程度不同通常划分为以下几个等级：

轻度退化：草地的生态功能和生产力出现一定程度的下降，植被覆盖度略有下降，草种组成变化不大，生产力稍有降低。但还没有达到严重的程度，这可能是由于过度放牧、不合理利用、气候变化等因素导致的。要及时采取措施进行保护和修复，通过合理规划利用、加强管理、进行生态修复等措施，防止草地进一步退化。

中度退化：草地中度退化比轻度退化要更严重一些，植被覆盖度明显减少，优势草种减少，草地出现裸露地面。这意味着草地的植被覆盖度、生物多样性等都受到了较大影响。这会对生态环境造成一定危害，也会影响到当地的畜牧业发展。需要采取更积极有效的措施来进行恢复和改善，通过实施生态补播、优化放牧方式等措施进行恢复治理。

重度退化：草地重度退化是比较严重的情况，植被稀疏，牧草种类单一，土壤侵蚀明显，生产力大幅下降，草地的生态系统可能已经遭到了极大的破坏，土壤裸露，水土流失严重。这会对生态平衡和经济发展带来很大的负面影响。须采取强有力的措施进行修复和治理，以恢复草地的生态功能。

极度退化：草地极度退化是非常令人担忧的状况，几乎无植被覆盖，土壤裸露，生态系统严重破坏。这意味着草地几乎失去了原有的生态价值和生产能力，可能出现大面积的裸露地。这对草原环境和人类的生活都会带来极大的为害，要想恢复这样的草地，需要付出巨大的努力和时间。

高寒草甸退化等级的划分以草地植被覆盖度和草层高度、产草量、草种组成、可食牧草比例、草地生产力以及土壤有机质含量为指标，反映高寒草甸草地生长状况，衡量该草地的生态功能和牧草品种的多样性。

高寒草原退化等级的划分以优势植物种、禾本科植物盖度、优势种地上生物量相对比例、可食牧草比例和土壤有机质含量为指标。

三、草地退化演替机理

草地退化的机理是在严酷的自然条件和人类活动干扰等因素的持续作用下，首先是草畜矛盾凸显并加剧，导致该区域草地生产力下降，草地生产力的下降既导致了草地生产功能的下降，草地生物多样性降低，又使草地生态功能下降（图6-3）。一方面，草地生产功能的下降，表现为草地产草量显著减少，草地承载能力降低，草地单位面积牧草产量的下降，进而又加剧了草畜矛盾，出现超载过牧的现象，导致草地逐年退化沙化。另一方面，草地生态功能的下降，表现为草地涵养水源、防风固沙、调节气候的能力减弱，进而也加速了草地逐年退化沙化。因此，草地生产力下降是引发并推动草地退化的根源，草地生态功能的下降是草地退化的内在特征!

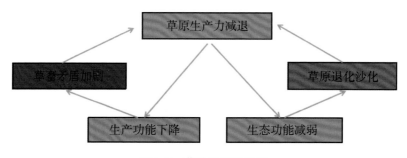

图6-3　草地退化的机理

高寒草甸草地退化的演替过程通常包括以下几个阶段（图6-4）。初始阶段：由于一些外部因素，如过度放牧、气候变化等因素，草地开始出现轻微的退化迹象，但整体植被状况仍相对较好。退化演替过程中一些优势植物种类逐渐减少，草层的高度和植被盖度降低。一是土壤肥力下降，结构变得疏松，保水保肥能力减弱。二是物种多样性减少，一些对环境变化较为敏感的物种消失。三是生态功能减弱，水源涵养、碳固定等功能下降。恶性循环阶段：草地退化进一步加剧，超出草地自我修复限度，由被动退化进入主动退化阶段，逐步向次生裸地演替，形成恶性循环。在演替过程中，可能还会出现外来物种入侵，一些适应性强的外来植物物种可能入侵；土壤侵蚀加剧，风力、水力等侵蚀作用增强；生态系统稳定性降低，容易受到外界干扰和破坏。

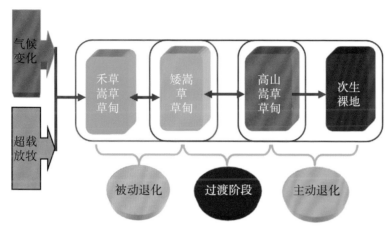

图6-4　高寒草甸退化存在"四个时期""三个阶段"模式

四、草地生态修复

　　草地生态修复是指停止对草地生态系统的人为因素干扰，依靠草地生态系统的自我调节和恢复能力，使其向良好的生态系统方向进行演替，或者利用生态系统的这种自我恢复能力，附加人工措施，通过灌溉、施肥、松土、补播、重建等农牧业技术措施，调节草地的水、肥、气、热状况，从而改善退化草地的理化条件；或者直接种植适合当地生存的优良品种（生态重建），引种驯化成功的多年生牧草，改变或增加草地的草群种类和结构，增加植被密度和盖度，提高草地生产力，使遭到破坏的生态系统逐步恢复或使生态系统向良性循环方向发展，这样草地生态系统得到了更好的恢复，称为"草地生态修复"。

　　草地生态恢复技术是一种旨在保护、恢复和可持续管理草地生态系统的方法和技术。合理放牧管理，控制放牧强度和时间，避免过度放牧；栽培技术，选择适合的草种进行种植，改善草地植被；土壤改良，草地施肥、添加有机物料等，提高土壤肥力；节水灌溉，采用高效的灌溉方式，确保草地水分供应；生物防治，利用天敌等生物控制方法，减少病虫害的发生；生态围栏，限制牲畜活动范围，保护草地；草地恢复技术，包括补播、植草等方法，恢复退化草地；生态监测，定期监测草地生态状况，为管理提供依据；草畜平衡技术，根据草地承载能力，合理确定牲畜数量；草地防火，采取措施预防和控制草地火灾；可持续施肥技术，使用环保农家肥，避免对草地生态造成破坏；能源利用技术，如利用太阳能、风能等可再生能源，配套实施草地灌溉等技术措施，不断恢复草地。这些技术的应用可以有效保护草地生态系统，提高草地生态生产功能，实现草地的可持续利用。

草地生态修复治理技术选择概述：根据退化演替程度不同，选择不同的技术措施。针对轻度退化草地，采取围栏封育、鼠害防治、施肥等措施；针对中度退化草地，采取围栏封育、补播、灭治杂草、施肥等措施；针对重度退化草地，采取围栏封育、浅翻耕、补播、施肥等措施；针对极度退化草地，采取围栏封育、草地态重建等措施（图6-5）。

退化草地生态补播、灌溉恢复草地

建植的多年生放牧刈割草地

天然草地施肥增效恢复区

图6-5　草地生态修复效果

第二节	那曲草地生态现状

一、那曲草地资源情况

那曲位于青藏高原之腹地（其地理坐标是83°55′~95°5′E，29°55′~36°30′N），被誉为"世界屋脊"和"雪域之巅"，藏北高寒草地生态是青藏高原生态系统的一个重要部分，其生态系统对青藏高原有重要影响，并对我国的大部分江河湖泊、大气气候、气温、生态系统都有直接影响。目前，藏北高寒草地出现逐年退化的情况，土壤沙化及草地植被退化，极大地降低了草场承载力，对牧区社会经济的发展和农牧民增收具有较大的影响，生物多样性降低，藏北草地的退化将严重影响藏北畜牧业的健康可持续发展，成为那曲当前亟待解决的重大问题。

那曲市辖色尼区、安多县、聂荣县、嘉黎县、比如县、巴青县、索县、班戈县、申扎县、尼玛县、双湖县等一区十县、114个乡镇、1 190余个村（居），总人口50多万人，其中牧业人口46.8万人。全市平均海拔4 500 m以上，高寒缺氧，气候干燥，全年大风日100 d左右，年平均气温-2.1 ℃，最冷时可达-40~-30 ℃。全年日照数2 886 h以上。一年中5—9月相对温暖，年降水量400 mm以上，植物生长期约5个月。

那曲市天然草地面积6.32亿亩，占全自治区草地面积（13.38亿亩）的47%，占全国草地面积（约60亿亩）的10.5%。其中，可利用天然草地面积4.69亿亩，目前已承包到户4.68亿亩，占可利用草地面积的99.79%。

那曲市草地类型主要分为6大类7个亚类、14个组、58个型；常见植物有57科，179属，332种。高寒草甸草地类与高寒草原草地类是草地资源类型最主要的两个类型，几乎覆盖到全市草场面积，并形成了主要由山地草甸、高寒草甸、高寒草甸草原、高寒草原、高寒荒漠、高寒荒漠草原等草地类型组成的高寒生态系统。

二、那曲草地退化现状

草地在自然因素和人类活动的影响下，不断地变化和发展着，其中不利于生产的影响会导致草地生产力下降，称为草地退化（图6-6）。那曲六大类草地类型在自然因素和人类活动的影响下都可能发生退化。

草地退化是由于自然因素和人为因素共同影响下形成的草地演替过程，其中自然因素又是由多种要素组成的，同时草地是人类直接利用的资源，人类活动的影响也是草地退化的最重要因子。因此草地退化是自然因素和人为因素综合作用的结果。

由于藏北高原气候恶劣，草地生态环境极其脆弱（自然因素），另外草地生态建设投入不足，以及长期不合理的人为活动（人为因素），导致

图6-6 退化高寒草原

草地生产力下降，沙化，盐碱化，荒漠化现象日趋严重。根据2004年那曲草地退化现状遥感监测和评价结果，那曲未退化草地占草地面积的49.1%，其面积约为20.69万km²。轻度退化草地占27.9%，其面积约11.75 km²（约1.76亿亩）；中度退化草地占13.2%，分布面积约5.56 km²（约0.83亿亩）；重度和极度重度退化草地面积分别占8.0%和1.7%，面积分别为3.37 km²（约0.51亿亩）和0.73 km²（0.11亿亩）。

近几十年来，藏北高寒草地出现了不同程度的退化，严重影响了草地生态系统的生产生态功能（图6-7）。遥感监测结果显示截至2010年，藏北高原草地退化面积比例达到58.2%，总体接近重度退化水平（干珠扎布 等，2019），与1980年草地相比，藏北高原重度及极重度退化草地面积有所增加，草地退化情况不容忽视。

图6-7　毒杂草蔓延山坡

据资料记载：20世纪60年代初，申扎高寒草甸平均亩产鲜草184.2 kg，高寒草原平均亩产鲜草78.3 kg。

20世纪80年代中后期，班戈、申扎高寒草甸平均亩产73.8 kg，高寒草原平均亩产鲜草34.1 kg，分别较60年代初下降了59.9%和56.4%，平均每年下降速率分别为2.4%和2.26%。

20世纪90年代中后期，班戈、申扎高寒草甸平均鲜草产量55.4 kg/亩，高寒草原平均鲜草26.5 kg/亩，分别较80年代中后期下降了25%和22.3%，平均每年下降速率为2.78%和2.48%（图6-8）。

图6-8 退化草地监测

也就是说，从20世纪80年代中后期以来，草地产草量的下降速率较60年代中后期以前更快，草地退化在加速进行。西部县退化比例较高，说明虽然西部区域人为活动较少，放牧强度较低，但因其极其严酷的环境条件及脆弱的生态系统，其草地载畜能力低。在目前人类活动及正在放牧利用的草地区域中，其草地退化亦比较严重在这些地区，自然因素对草地退化的影响远较中东部地区强。

第三节　草地生态修复治理的意义

一、草地生态保护的重要性

青藏高原被誉为世界屋脊，是我国重要的生态安全屏障、战略资源储备基地和高寒生物种质资源宝库，也是亚洲乃至北半球气候变化的"调节器"，在我国生态保护和修复工作中居于特殊重要地位。

党的十八大以来，习近平总书记多次就青藏高原生态保护工作作出重要指示批示，要牢固树立绿水青山就是金山银山的理念，把生态文明建设摆在更加突出的位置，守护好高原的生灵草木、万水千山，把青藏高原打造成为全国乃至国际生态文明高地。另外，根据《全国重要生态系统保护和修复重大工程总体规划（2021—2035年）》要求，国家发展改革委会同有关部门编制了《青藏高原生态屏障区生态保护和修复重大工程建设规划（2021—2035年）》。规划提出到2035年，各项重点工程全面实施，青藏高原生态屏障区草原综合植被盖度稳定在60%左右，草原退化现象得到全面遏制，草原生态功能和生产能力显著提升；湿地生态系统持续向好，确保湿地面积不减少；沙漠化趋势有效遏制。青藏高原高寒生态系统得到全面保护和有效修复，生态系统良性循环能力和服务功能基本稳定，生态系统适应气候变化能力进一步提高，生态系统固碳功能显著提升，生态安全屏障体系全面优化，优质生态产品供给能力基本满足人民群众需求，人与自然和谐共生的绿色家园全面建成。因此，我们更要认真学习贯彻习近平生态文明思想，按照党中央、国务院决策部署，持续推进青藏高原生态保护和修复工作，有效遏制青藏高原生态退化趋势，使生态质量稳步提升。

同时对于藏北来说，草地是畜牧业发展的重要物质基础和高寒牧区农牧民赖以生存的基本生产资料，是重要的国家生态安全屏障，对保护人类生存环境，构建和谐社会，生态文明建设，促进藏北经济社会全面协调可持续发展具有十分重要的战略意义。

加强草地生态保护建设，促进草地畜牧业发展，可以有效增加畜产品供给，转变畜牧业生产方式，增加农牧民收入。在合理利用天然草原的同时，积极发展现代草地畜牧业，实行划区轮牧，可以优化畜牧业结构，有效培肥地力，提高畜牧业综合生产能力。

加强草地生态保护建设，合理利用草地资源，对于促进现代畜牧业发展、巩固民族团结，维护社会稳定，建设和谐社会具有特殊重要的意义。

因此，通过实施围栏、草地改良、人工草地建设、科学饲养、优化畜群结构以及禁休牧、轮牧等一系列综合措施，努力实现"草地绿起来、畜牧业强起来、农牧民富起来"的目标，对草原休养生息、生态系统全面保护具有非常重要的意义。

二、对畜牧业发展的必要性

草地是主要由草本植物、牲畜及生物环境因子共同组成的一个草地生态系统。人为因素直接影响着草地的退化，草地生态系统长期受到不合理的放牧，超载过牧，就会使草地生态系统的结构、功能受到破坏，导致草地生产力衰退和草地退化。另外自然因素也直接影响着草地的退化，藏北高原生境条件极端严酷，由于高原地区，气候严寒，受多种天气的影响，雪灾、冰雹、霜冻、风暴、干旱等自然灾害频繁发生，天然草地牧草生育期较短，草地生态系统自我恢复、调节能力下降，导致草地生态系统功能恶化，甚至完全崩溃，将直接影响人类和牲畜生存以及全球气候的急速变化。因此，草地生态系统修复治理对畜牧业循环可持续健康发展和人类赖以生存的生产资料具有重要意义。

同时，草地生态修复治理可保障牧草资源，提供充足且优质的牧草，满足牲畜的饲料需求；可提高畜牧业产量和质量，有助于牲畜的健康生长，提升畜产品的产量和质量；促进畜牧业可持续发展：确保畜牧业的长期稳定发展；降低养殖成本，减少对外部饲料的依赖，降低生产成本；保护生态环境，减轻草地退化对生态系统的影响；提升畜产品市场竞争力，高品质的畜产品更具市场竞争力；保障畜牧业的稳定性，减少因牧草资源不足而导致的畜牧业波动；促进生态与经济的良性循环，实现生态效益和经济效益的双赢；提高畜牧业抗风险能力，应对气候变化等外部因素的影响；推动畜牧业现代化，提升畜牧业的管理水平和技术水平。总之，草地生态修复治理是畜牧业发展的重要支撑，有利于实现畜牧业的可持续发展和生态环境的保护。

第四节　　草地退化原因分析

藏北高寒草地退化的原因主要由人类活动和自然因素造成的。

人为因素：包括家畜超载放牧、人类活动范围逐步扩大、采矿挖沙以及县、乡、村公路修建等。

自然因素：由气候逐渐变暖变干、土壤质地差、土层薄、鼠虫害、大风侵蚀、沙化、盐渍化、冻融等。

脆弱的藏北高寒草地生态系统，是草地退化的内在因素。地处青藏高原藏北高寒草地的生态系统极其脆弱，其特点为草地生态环境脆弱，天然草地草与地的生活力较低，气候寒冷牧草生长缓慢、生长季短、牧草生长周期120 d；气候暖干化加剧、无霜期短寒冷、微生物活性弱；土壤质地差、土层薄、肥力低、通透能力差、有机质含量低、分解能力差等因素，使藏北高寒草地植被群落单一、牧草产草量低，矮嵩草鲜草产量只有450 ~ 600 kg/hm²，高嵩草鲜草产量为1 200 ~ 1 350 kg/hm²，草地逐年趋于退化，脆弱的草地生态一经破坏便很难恢复。

气候变暖变干是藏北高寒草地退化的加速器。气候变暖变干趋势是导致高寒草地大面积退化的重要原因之一，使得草本植物产量下降，群落结构趋于单一，物候期发生变化，草畜矛盾更加明显。影响草地退化的气候因子有风蚀、水蚀、冻融、气温和降水等，而影响草地退化的主要气候因子为气候变干、变暖。近几年来，藏北高寒草地冬季变暖非常明显，夏季气温也有升高的趋势。随着高原的抬升，降水量随之减少，而气候变暖、气温升高及大风侵蚀，导致蒸发量增加，气候暖干化日趋严重，全年100 d左右的大风日，牧草生长环境恶化加剧，使得天然草地牧草受到遭受大风的机械伤害，草地植被群落结构越发单一，牧草物候生长期发生变化，草畜矛盾越发明显。

　　家畜数量居高不下和超载放牧，是导致藏北草地急剧退化沙化的主要原因。放牧家畜"夏壮、秋肥、冬瘦、春乏"的恶性循环，成为草原退化的根本原因。那曲自进入21世纪，牲畜数量增加迅速，2001年那曲全地区牲畜总存栏716.31万头（只、匹），畜均占有可利用天然草地面积约为65.47亩；2004年全地区牲畜总存栏数达到最大值，共计786.77万头（只、匹），折合绵羊单位1 553万只绵羊单位，畜均占有可利用天然草地面积约为59.61亩；牲畜数量居高不下，农牧民保护草原的思想意识淡薄，惜杀惜售，牲畜数量猛增，超载过牧加剧了草畜矛盾，导致草地退化沙化。另外藏北草原大量生栖的野生动物也消耗大量的牧草，加重了草地重担（图6-9）。

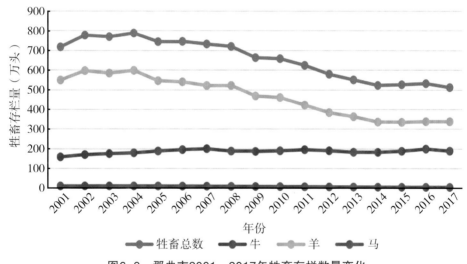

图6-9　那曲市2001—2017年牲畜存栏数量变化

　　2001年全地区人口为37.11万人，2017年为46.31万人。人口密度由0.8人/km²，增加到1.1人/km²。人类活动范围逐步扩大，引起牲畜过度放牧，牲畜数量过多，超出草地承载能力；不合理开垦，破坏草地生态，导致植被减少；旅游开发，践踏和破坏草地（图6-10）。

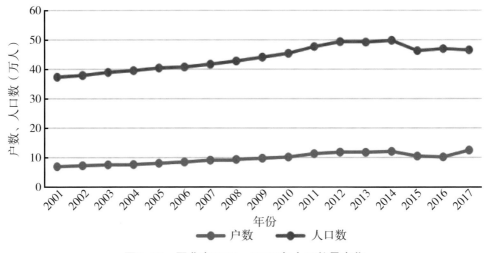

图6-10　那曲市2001—2017年人口数量变化

　　草原"三害"滋生蔓延，是藏北高寒草地持续退化的主要因素。由于气候变化、逐渐变得干燥，使草原生态环境发生一定的变化，破坏了生态系统平衡，害鼠和害虫的天敌数量急剧减少，导致草原"三害"情况越发严重，而引发草与地的退化。藏北草地主要是高原鼠兔的破坏程度较大，现阶段藏北草地上鼠洞密集，草层底下鼠洞纵横贯通，鼠兔不仅挖洞破坏草根，而且挖出的土压盖洞穴周围牧草，从而破坏牧草植被。青藏高原至少拥有6×10^8只高原鼠兔，每年消耗1.5×10^{10} kg鲜草，可以养活1.0×10^7只绵羊单位。

　　具体草地退化的主要原因有：一是超载过牧；二是滥垦、滥挖、滥采；三是人口与牲畜数量增长；四是气候变暖，导致草地生态系统不断恶化；五是严酷的自然环境，导致草地沙化、退化；六是鼠、虫害严重破坏；七是土壤土层薄、结构差、肥力低；八是畜群结构不合理，草地利用效益不高；九是生产方式落后，经济效益不高；十是人工饲草基地建设投入不足，科技服务能力低。

第七章　那曲草地生态修复治理技术

　　草原是我国面积最大的陆地生态系统。草地退化的根本原因是人口和人类活动导致的草畜系统矛盾，主要表现为超载过牧，日益增长的饲草需求同牧草供给之间的矛盾。因此，防止草地退化，修复草原生态，提高草地生产力，提升畜产品附加值，成为当前草原生态保护建设和生态文明高地创建的首要任务，加强草畜系统耦合，实现适度放牧和草畜平衡，是牧业增效、牧民增收、生态保护兼顾的必然途径（图7-1）。

图7-1　藏北优良天然放牧草地

　　草原生态修复治理必须坚持因地制宜，精准施策，瞄准主攻方向，采取科学有效的治理技术措施。长期以来，原那曲草原站在治理草原退化、开展生态修复方面进行了积极探索，积累了不少经验，总结出一套较为成熟的技术措施。其一，对退化草地不进行耕翻，而是采取诸如灌溉、施肥、补播、生态重建、划破草皮、灭鼠、灭虫、围栏封育、禁休牧等措施，使草地完全或部分恢复其原有的生产能力；其二，对重度退化草地进行浅耕翻，混播建植多年生人工草地，在科学混播种植管理下，使草地逐步恢复原有生机，次年配套施肥、灌溉等综合恢复措施，退化草地逐步恢复，实现稳产、高产、优产，成为多年生刈割—放牧型草地。因此，针对藏北高寒草地植被退化严重、牧业生产经营水平低下和生产力较低等问题，在深入分析退化高寒草地治理和畜牧业生产方式转变与提升的关键制约要素的基础上，充分发挥藏北再生资源丰富、区位独特等优势，根据不同草原区草地退化程度、环境条件，对天然草原采取技术措施调节、改善草原生态环境中水、土、肥、植被等自然因素促进植被生长，提高草原自愈能力，因地制宜地提出草地补播、生态重建、围栏封育、合理施肥、灌溉、家庭人工种草、政策扶持等高寒草地退化的综合治理关键技术及对策，有效治理逐年退化的草地。

第一节　退化草地防治对策建议

一、更新观念转变思想，树立草畜并重的理念

　　据了解，在传统畜牧业生产中，人们都是重畜轻草，忽略了草地在整个草地畜牧业中的基础地位，在畜牧业生产发展中只注重在牲畜数量上，对草地利用多建设少、索取多投入少，逐渐引发草畜矛盾，畜牧业生产能力下降。因此我们必须转变观念，思想由传统的重畜轻草逐步向以草为

本，立草为业，草业先行，草畜并重，草畜平衡的理念转变。

开展草原生态环境保护、适度规模人工种草、房前屋后人工种草，建立畜牧业健康循环生态体系，促进畜牧业的健康发展。在保护和建设好草地、追求草畜平衡的同时，还应积极发展适合藏北高寒牧区牲畜的饲草产品，使之成为发展藏北草牧业重要组成部分。

二、加强执法力度，依法保护草原

近几十年来，藏北高原草地出现退化、沙化，这与草地执法机构不健全和《草原法》等法律知识宣传力度不强有着很大关系，直到2016年才建立起一支有执法证件的草原执法队伍，从此依法保护利用草原拉开了有法可依、有法必依、执法必严、违法必究的序幕。依法保护草原主要有3个内容：一是依照《中华人民共和国草原法》《西藏自治区实施〈中华人民共和国草原法〉细则》《中华人民共和国青藏高原生态保护法》等法律法规，做到有法可依；二是加大执法机构执法力度，组建一支懂草原法律法规的执法队伍，逐步在乡镇农牧业科技服务中心配备专门的草原监理工作人员，加大对草原破坏的执法力度，切实保护草原生态环境；三是优化和创建草原监督执法的工作条件和执法部门，以此来监督违法征占草原、杜绝违法乱采乱挖，非法开垦破坏草原。

三、实行以草定畜，草畜平衡的对策

那曲草原退化的主要原因是家畜超载过牧，草原得不到休养生息导致逐步退化。坚持以草定畜，草畜平衡的原则，阶段性减畜出栏、优化畜群结构，降低草原承载压力，实现草畜平衡是当前开展生态修复最重要的措施。自2011年那曲全面实施草原生态保护补助奖励政策以来，全市各县逐年实行草畜平衡制度，通过逐年逐步减畜，取得了较好的经济生态效益。草畜平衡的关键还是继续控制好放牧家畜的总量，根据西藏自治区林草部门新测定的草地载畜量，科学确定所能放牧的家畜数量，实行以草定畜、超载减畜，实现可持续发展。实行以草定畜草畜平衡的对策，一方面要切实抓好一些以草定畜、草畜平衡的示范点，并且由此受益的科技示范户、示范村甚至示范乡，让广大牧民实实在在地亲眼看到适宜的载畜量能获得更大的经济效益；另一方面，除严格执行《草原法》和有关国家草原保护法规外，可根据自己的实际情况，再制定一些地方性法规，把过高的载畜量降下来，或通过草地生态修复技术、草地提质增效、发展饲草产业等方法，提高当地草原载畜量，以确保草地生态系统的良性循环，草地资源的永续利用。

四、发展现代草地畜牧业，转变传统经营模式的对策

传统畜牧业只追求发展牲畜头数，出栏率低，周期长，效率低，成本高，商品率低。现代草地畜牧业就是要充分利用暖季青草期草场丰富的优势，快速发展牲畜、育肥，到枯草期来临，只保留基础母畜，将已育肥的老弱、残畜及时淘汰出栏变为商品，增加经济收入。因此，应转变传统畜牧业经营模式，逐渐实行季节畜牧业的经营方式，实现草地畜牧业由数量型向质量型、效益型转变。

五、因地制宜采取不同措施，治理退化草地

草地围栏是草地建设的一项基本任务，也是草地用养结合的一种有效措施。特别是对冷季草地实行围栏，辅之以灌溉施肥、松土等措施对保护冷季草场，提高其草地生产力，缓解冷季草畜矛盾具有重要意义。

大力发展房前屋后和冬圈夏草人工草地，对于退化严重、生产力低下、距水源较近有灌溉条件的草地应有计划地彻底改造，选择当地或引入优良牧草发展人工草地；对于一时还难以达到建立人工草地条件的地方，应加播优良牧草，进行草地改良。试验表明，通过实行及草地补播等措施，产草量可提高1~2倍，甚至更高。

六、调整畜群结构，合理布局牲畜种群

调整目前存在的"三高一低"的畜群结构，培育优良牲畜，提高生产

性能，早出栏、快出栏。充分调研的基础上，合理调整畜群结构，达到家畜种类与数量在草地空间、畜圈空间的最佳分布。牦牛最适宜于高寒草甸草原区域养殖，而目前草甸地区牦牛的比重有所下降，而羊只的比重有所上升，应予以调整。西部高寒草原及高寒荒漠最适合于发展养羊业，应控制大牲畜的发展。

七、发展防灾抗灾基地建设，增强抗灾能力

那曲的草畜矛盾主要表现在冷季。冬春季节的防灾抗灾措施是增强畜牧业抗灾能力减少自然灾害损失的重要保障。鉴于目前建立大规模防灾抗灾储备库的实际困难，建议采取以下缓解措施：

第一，实行严格的季节放牧制度，保护好冷季草地不在暖季利用，特别是应留足繁殖母畜及接羔用草地。

第二，对那曲适宜区域对藏北嵩草草地实施施肥增产措施，实行刈割贮备，以备防灾抗灾。

第三，在水源条件较好的地方发展适宜规模的人工草地，如种植多年生牧草披碱草、老芒麦，在适宜区域种植燕麦草。2018年以来，那曲市农牧业（草业）科技研究推广中心在色尼区那么切乡、那曲镇，依托节水自压灌溉技术，机械免耕种植具有一定规模的多年生牧草和一年生高产牧草，目前已建成刈割—放牧型饲草基地，保障了当地防抗灾饲草储备。

第四，及时出栏，提高牲畜的出栏率及商品率，减轻冷季灾害时的草畜矛盾。

第二节　　那曲草地生态修复治理技术

草地退化的修复治理，也就是草地改良的问题。其基本含义是在不破坏、少破坏草地原有植被或彻底破坏裸露地表的情况下，通过围栏封育、灌溉、施肥、松土、补播等技术措施，调节草地的水、肥、气、热状况，

从而改善退化草地的生存条件，或者直接引入适合当地生存的优良牧草，引种驯化成功的异地优良牧草，改变草地的草群成分，增加植被密度和盖度，提高草地生产力。

藏北高寒退化草地植被恢复思路：

草地改良（围栏封育、划破草地等，浅耕去掉）：应用于轻度退化草地。

草地封育改良（休禁牧、补播、灌溉、施肥）：应用于中度退化草地。

中长期禁牧、多年生人工草地建植：应用于重度退化草地。

综合治理退化沙化草地的基本方法：主要包括灭鼠、松耙、划破草皮、浅微耕、合理施肥、灌溉、围栏封育、划区轮牧、休牧、补播、禁牧、重建等。

根据那曲草地退化实际情况，提出如下退化草地生态修复治理（改良）措施。

一、草地改良——划破草皮和浅微耕

退化草地土壤变得紧实，土壤的通透性减弱，土壤中微生物活动减弱，直接影响牧草水分和营养物质的供应，优良牧草逐渐从草层中衰退，降低了草地的生产力。为改善土层的通透状况，需要对土壤条件紧实的草地进行划破草皮改良。高寒草甸草地是那曲最主要的草地类型，在高原、高山寒冷的气候条件下形成的草地类型，其群落建群种主要是具短根茎密丛嵩草属植物。长期以来，由于寒冷低温及嵩草属类植物根系的特点，土壤微生物分解有机物质十分缓慢，形成了较厚的土层（一般为10~15 cm），再加上牲畜践踏，过度放牧利用，使得土层非常致密、紧实，土壤通气状况很差，也严重影响了土壤有机物质的分解及土壤肥力的有效性。为此，须采取划破草皮等松土措施，改善草地通气状况，促进好气性微生物活动，加速土壤有机质的分解，提高土壤中N、P、K等元素的有效性，提高草地生产力。

（一）划破草皮改良的作用

划破草皮疏松土壤进行改良的方法主要适用于以根茎型禾草为主的

退化草甸或草原，采用无壁犁、浅表耕作机、划破草皮机具等工具，划破草皮（深度10~20 cm）、切断横行根茎或进行带状浅犁，降低土壤紧实度，改善草地通气状况，增加通气性和吸水性，并促进土壤表层种子入土萌发。

浅翻耕、划破草皮具有以下作用：一是增加土壤的通气性；二是增加土壤的透水性；三是调节土壤酸碱度；四是消灭草地有毒有害植物；五是促使根茎型、根茎疏丛型禾草繁殖，旺盛生长；六是有利于牧草的天然补播和自我繁殖；七是改善土壤通气透水及微生物活性，提高了草地生产力。

（二）划破草皮的适宜范围

适用于根茎型禾草为主的退化草地，主要为高寒草甸草地（图7-2）。用浅耕机可以疏松土壤，降低土壤的紧实度，增加土层通气性与透水性能，切断牧草根茎，促进其再生。

划破草皮适宜选择地势平坦的草地，在缓坡草地上，应沿等高线进行划破草皮，防止水土流失。

图7-2　土壤硬实的高寒草甸草地

（三）划破草皮和浅微耕的机具

一般采用拖拉机或畜力牵引的无壁犁、浅表耕作机、划破草皮机具、圆盘耙等（图7-3）。

图7-3　划破草皮机具和浅表耕作机

（四）划破草皮的深度

以草皮被划透为宜，一般10～15 cm，行距30～60 cm（图7-4）。

图7-4　划破草皮机具

（五）划破草皮的时间

应选择在土壤水分适当时进行，否则草皮不易划破，一般在春季草地解冻后牧草返青前或者秋季进行。对于退化较为严重的草地，可结合划破草皮，进行优良牧草的补播和灌水、施肥。藏北草原按照东—中—西不同区域，选择在6月上旬至7月上旬进行。

（六）实践应用

根据我们在色尼区那么切乡浅翻耕划破草皮试验，土壤解冻时，利用那曲市农牧业（草业）科技研究推广中心草原生态专业人员自主研发的浅耕机进行浅翻耕，深度10～15 cm，行距30 cm，划破20%～50%的草皮；经过2年的长期观测，植被覆盖度增加，复壮效果非常明显，而且牧草种类增多增密，牧草产量提高40%以上（图7-5）。

划破草皮作业　　　　　　　　　　　　恢复效果

图7-5　划破草皮作业和恢复效果

另外，与当雄县农业农村局专业技术人员共同开展了草地生态修复工作，并推广使用了浅表耕作机，在土壤硬实的草地生，通过浅耕松土和划破草皮的作业，大大改善了土壤的紧实度，增强了土壤透水透气性能，2年监测结果显示，草地生物量比周边未采取松耙措施区域增产45%以上，生物多样性增加155%以上。

划破草皮是高寒草甸草地中经常采用的改善草地通气保水状况的有效方法，能使根茎型、根茎疏丛型牧草分蘖繁殖，生长旺盛，有利于退化草地的自然更新复壮，但由于划破草皮破坏草皮程度不易掌控，建议使用此方法时，通过试验并取得成功经验后逐步实施。

二、草地围栏封育、禁牧、休牧改良技术

（一）草地围栏封育技术

草地围栏封育是对一块退化草地暂时封闭一段时期，在此期间不进行放牧或刈割，目的是给牧草提供一个休养生息的机会，使草地逐步恢复生产力，并使牧草有种子成熟或根茎繁殖的时间，促进草群自然更新。当草地退化到一定程度，在持续放牧利用状态下难以实现植被自然恢复时，就要对草地实施围栏封育、禁牧、休牧措施，以防止草地逐步退化。据监测数据统计，封育草地的植被可食牧草数量增加，其中，禾本科和豆科牧草成分会有增加，毒杂草数量降低，封育草地牧草生物量为封育草地的2~3倍。

（二）禁牧措施

禁牧是指对草地实施3~5年禁止放牧利用的措施，是对草地实行长期围封，在水源涵养区、防沙固沙区、严重退化区、生态脆弱区、特殊生态功能区，往往还实行永久禁止放牧措施。禁牧可以使植被在自然状态下自我恢复，中度退化的草地在禁牧3~4年后，牧草产量可达到退化前的状态。解除禁牧的草地根据禁牧后牧草恢复具体情况，按照"总量控制、有进有出"的原则，通过禁牧，生长季末植被盖度大于50%的天然草地，可解除禁牧转为放牧草地。生长季末植被盖度小于40%的天然草地，继续实行禁牧。围封禁牧对高寒草甸植被地上生物量、地下生物量、牧草品质、高寒草地土壤物理特征、土壤化学特征都具有一定影响。

通过研究发现，在藏北高原围封禁牧年限以5~7年为宜，禁牧超过7年则不利于草地的恢复与利用（图7-6）。

图7-6　班戈县禁牧地块，禁牧效果显著

（三）休牧及返青期休牧

休牧是一种科学的草地培育措施，指在一年内的特定阶段，主要是春季植物返青期和秋季结实期，对草原实施短期限制放牧利用。禁牧休牧可以防止家畜放牧对草原的不利影响，促进种子萌发和植被生长，使草原得以休养生息（图7-7）。

休牧措施多尝试在牧草返青期进行休牧，防止牧草刚刚返青就被采食，导致返青期牧草不能更好地进行光合作用，而继续吸收牧草根部的大量营养物质生长发育，不利用根系的分蘖发育，这样既影响了牧草茎叶的营养生长，又影响了根部的生殖生长，使牧草整个生育期生长发育中，无法摆脱牧草低矮、生态脆弱的状态，错失了最佳的生长发育的时机，输在了返青期。

禁牧休牧通常要辅以草原围栏建设等管理措施。它是草地建设的一项基本措施，也是草地培育、改良的基本条件。许多试验证明，只要把草地围起来，不让牲畜任意抢牧滥牧，不加其他任何培育、改良措施就可以使牧草产量提高25%以上。

图7-7　季节性休牧—放牧草地

单独的围栏封育措施对草地进行禁牧、休牧，只是给草地植被正常生长发育提供机会，草地植被的生长还受到土壤肥力、降水量、土壤微生物活动等因素的限制，在退化草地生态修复中，往往在围栏封育期结合综合治理改良措施，搭配划破草皮、生态补播、施肥、灌溉等措施，使退化草地尽快恢复到最佳状态。

（四）实践应用

在色尼区那曲镇14村和那么切乡6村开展鼠害隔离防治技术研究与示范工作中，建立了2个鼠害隔离网围栏封育试验区，并同周边区域草地形成对照，经过一年的围栏封育和次年6—10月禁休牧，于2019年8月25—30日，对鼠害隔离围栏封育区内外进行草地监测和鼠害调查工作。在研究区隔离围栏区内外内共设置3个100 m×45 m样地，每个样地设置2个0.5 m×0.5 m样方，隔离围栏区内外草地监测各重复6次，鼠害调查重复3次，共监测12个草地监测样方和6个鼠害调查样地。采用十字交叉法对每个样方内植被进行监测，采用堵洞开洞法对每个样地内的鼠害进行调查，用GPS进行定位并获取海拔数据（表7-1）。

表7-1　那曲镇14村隔离网围栏区内外牧草平均株高情况

牧草种类	隔离区内（cm）	隔离区外（cm）
恰草	12.2	6.3
高山嵩草	9.8	0
青藏苔草	10.6	2.6
早熟禾	21.7	0
二裂委陵菜	3.2	2.6
可食牧草平均株高	13.6	4.5

采用鼠害隔离围栏防治措施后，隔离区内植被平均覆盖度为72.4%，隔离区外植被平均覆盖度为41.3%，隔离区植被覆盖度是未隔离的1.8倍；隔离区内牧草平均高度为13.6 cm，隔离区外牧草平均高度为4.5 cm，隔离区植被平均高度是未隔离区的3倍（图7-8、表7-2、表7-3）。

图7-8　鼠害隔离围栏防治措施

采用鼠害隔离防治措施后，隔离区内牧草平均高度为13.6 cm，平均亩产鲜草241.69 kg，平均亩产干草87.67 kg；隔离区外牧草平均高度为4.5 cm，隔离区外平均亩产鲜草106.03 kg，亩产青干草39.49 kg。隔离区内牧草产量是未隔离区可食牧草产量的2.2倍（表7-2、表7-3）。

表7-2　那曲镇14村隔离围栏内草地监测情况

NQYD	地上生物量鲜重（g）	干重（g）	亩产鲜草（kg/亩）	亩产干草（kg/亩）
YF-1	85.04	31.06	226.89	82.87
YF-2	101.68	39.49	271.28	105.36
YF-3	64.93	19.51	173.23	52.05
YF-4	119.26	45.29	318.19	120.83
YF-5	76.06	26.22	202.93	69.95
YF-6	96.57	35.58	257.65	94.93
Avg	90.59	32.86	241.69	87.67

表7-3　那曲镇14村隔离围栏外草地监测情况

NQYD	地上生物量鲜重（g）	干重（g）	亩产鲜草（kg/亩）	亩产干草（kg/亩）
YF-1	36.47	10.96	97.3	29.24
YF-2	60.91	18.13	162.51	48.37
YF-3	52.67	17.56	140.52	46.85
YF-4	52.33	16.9	139.61	45.09
YF-5	36.07	12.4	96.23	33.1
YF6	38.58	12.86	102.93	34.31
Avg	46.17	14.81	106.03	39.49

另外，根据在色尼区进行围封禁牧5年后的草地进行测定，首先，围栏对提高牧草产量、改善草群成分、增加植被盖度、防治草地退化等具有明显效果：藏北嵩草草地产量提高114.2%，高山嵩草草地提高136.3%；其次，增加了牧草的高度，主要牧草的高度显著增加，茎叶茂密，穗长而大，都能开花结实，而对照区牧草则植株矮小、细弱、穗短而小，只有个别植株开花结果；最后，是增加了植被盖度和密度。围栏后，牧草生长旺盛，草籽成熟落地，促进了牧草分蘖和新生植株的发育，因而增加了植株密度和草群盖度，高山嵩草草地盖度提高25%，禾本科牧草的盖度成倍增加，而杂类草盖度有下降趋势。目前，在草地围栏建设中，生态恢复效果明显，取得了较好的效果，值得进一步在退化草地推广与应用（图7-9）。

图7-9　围栏封育+生态补播

禁牧3年地上生物量显著高于自由放牧，禁牧5年地上生物量又显著高于禁牧3年。说明禁牧在一定时期内具有显著提高草地生物量的作用（图7-10）。禁牧初期，由于消除了放牧干扰，没有生物量从草地生态系统中被转移出去，草地地上生物量增长迅速。但根据草地生态系统的可持续原理，草地的围封不应是无限期的。实施禁牧过长不利于牧草的正常生长和发育。经过多年的禁牧，草地地上生物量的增长趋于平缓，不能增加草地群落的生物量，甚至长时间的禁牧会限制草地生长力的发挥。就本研究而言，禁牧5年样地地上生物量为84.2 g/m^2，显著高于其他样地，且较禁牧7年样地地上生物量高27.77%，说明禁牧5～7年的藏北高寒草地，已经达到或接近其生产潜力的峰值，禁牧超过7年将不利于其维持较高的生物量。

图7-10　禁牧后的草地恢复效果

综合分析表明，对藏北高寒草甸禁牧5年可以维持草地较高的物种多样性和可利用生物量，禁牧时间超过7年，多样性指数则降低，草地可利用生物量减少。因此对于保护藏北高寒草甸，实施禁牧5～7年是一种合理的管理方式。

三、草地灌溉增产增效技术

（一）草地灌溉

草地水分状况的盈亏，是影响草地生产力高低的主要因素。因此，草地灌溉便成为草地培育、改良，进一步提高草地生产力最有效的措施之一。

草原灌溉主要采用雪水、雨水等引水漫流、沟灌、喷灌、机械补水等方式，适用于有条件贮存雨水或有上游来水的草原。

草地灌溉的效果是很显著的，但在那曲水源比较少，缺乏淡水是大面积草地灌溉的重要限制因素。因此，发展草地灌溉，在水资源开发利用上，宜采用如下几种途径。

（1）充分利用有限的河流及泉水进行引水，进行节水自压灌溉。

（2）打井：通过打井开发地下水进行灌溉。

（3）自然降雨或冰雪融水灌溉：利用降雨或融水进行灌溉，草地不平处辅以沟垄积雨，防止雨水流失。

目前，世界上草地畜牧业强国，已广泛采用草地喷灌和更加节水高效的滴灌技术，并根据草地不同时期的养分需要，结合喷灌、滴灌技术一次完成。那曲目前的草地灌溉方式普遍采用雨水灌溉，这种方式浪费水，灌溉效果差，常由于草地地面不平整造成漏灌或淹涝。

（二）实践应用

近几年，以色尼区为研究区域，针对藏北高原寒旱并存，水、热资源时空分配不均，土壤贫瘠、高蒸发等问题，利用海拔自然落差，探索高寒草地（包括人工草地）节水自压灌溉增产增效技术研究，在退化草地开展节水自压灌溉技术，治理退化草地的试验。根据在那曲镇14村（嘎庆自然村）建立节水自压灌溉系统，水源取自北面山体水流网，水流量为30 m³/h。在经1.3 km高差57 m处建立300 m³蓄水池，开展节水自压灌溉示范压研究300亩，通过人工草地节水自压灌溉，增加牧草单位面积产量，无灌溉前亩产鲜草为2 100 kg左右，实施自压节水灌溉后亩产鲜草3 500 kg左右，每亩增产鲜草1 400 kg，每亩增加效益1 200元。对300亩的鼠荒地、重度退化区进行鼠害治理、生态补播以及节水自压灌溉后整个生态向好的方向发展，在实施节水自压灌溉后，天然草地植被盖度由原先的6%恢复到91%；植物群落由原先的毒杂草恢复到现在以禾本科牧草为主的草地，生物多样性明显提高；草地植被覆盖度大幅度提高，生态环境初步恢复到较高水平（图7-11、图7-12）。

图7-11　多年生和燕麦牧草混播草地灌溉

天然草地灌溉

人工草地灌溉

人工草地灌溉区域　　　　　　　　人工草地节水自压灌溉增产增效研究

灌溉改良草地

图7-12　天然与人工草地的灌溉技术

（三）光伏灌溉技术

在色尼区那么切乡同中国农业科学院农业与环境可持续发展研究所专家，选择围栏封育中重度退化地，开展藏北典型半干旱高寒草地植被恢复与整治技术研究，通过天然草地光伏灌溉恢复技术措施，灌溉草地距河流50 m，灌溉地与河地水泵地势高差5 m，灌溉草地面积50亩，利用太阳能板提供电能，研究典型半干旱高寒草甸区域灌溉对天然草地的影响恢复，逐步恢复退化草地，取得了较好的成效（图7-13）。

通过研究表明：光伏灌溉对草地地上生物量呈显著的季节性变化规律，对高寒草地物种组成具有明显的影响。6—9月，灌溉处理中草地生物量分别为39.52 g/m²、121.2 g/m²，204.8 g/m²，145.7 g/m²，均明显高于对照草地（$P<0.05$）（干珠扎布，2019）。

太阳能光伏设备

光伏灌溉作业

光伏灌溉恢复草地

图7-13　光伏灌溉技术

四、草地施肥技术

（一）草地施肥

草地施肥是草地培育、改良的重要措施。高寒草地施肥技术是维持草原生态系统养分平衡的重要管理方式，能够补充土壤中损失的有效养分，是恢复退化草地肥力，提高草地生产力的有效途径。草地植物通过其根系将土壤中大量的营养物质年复一年地合成地上生物量，被牲畜采食或刈割后利用转化为畜产品，最后被人类利用。如果不经常地、及时地给草地进行施肥，会造成草地生态系统的能量流动和物质循环的受阻，甚至中断，系统的动态平衡将被打破，必然导致草地的退化沙化。因此，草地施肥也是草地管理的一项重要内容。

草地施肥对草地改良的作用，是相当显著的，首先可提高生产力；其次提高牧草产量；最后可增加牧草营养物质含量，提高牧草适口性。

施肥宜选用含P和N的肥料，通常在土壤贫瘠的草地、退化草原，采用补播机、播种机、人工撒施等方法，施用有机肥或无机肥料，以补充土壤养分，施肥可以单独进行，也可以在补播、松土时同时进行，还可以将肥料做成种子包衣随种子一起播撒。草地施肥不仅产草量大幅度提高，而且牧草品质有很大改善。有机肥施肥量100 kg/亩，播种垂穗披碱草建立人工草地，在播种后的第2年产草量达1 267.3 kg/亩，较未施肥的人工草地最高产量（第二年）583.6 kg/亩，增加17.2%。也就是说，通过施肥措施，不仅大幅度地提高了产草量和牧草营养成分，而且还可将垂穗坡碱草人工草地的使用寿命延长一倍。

（二）实践应用

在色尼区那曲镇14村草牧业科技示范点开展施肥＋补播对天然草地的影响研究，在退化高寒草甸生态修复区：施肥区域苔草平均植株高度在11.8 cm、盖度在95%左右，平均鲜草产量261.8 kg/亩；未施肥区域苔草平均植株高度在5.6 cm、盖度在65%左右，平均鲜草产量65.4 kg/亩。

施肥补播区嵩草、早熟禾平均植株高度为11.6 cm、26 cm；盖度为

96%左右，平均鲜草产量298.8 kg/亩。

施肥补播对照区嵩草平均植株高度为7.12 cm，盖度为65%左右，平均鲜草产量16.27 kg/亩。

在尼玛县赖草原始植被近自然生态恢复区：对不同量施肥区赖草的生长情况进行监测（图7-14）。6月29日：施肥20 kg/亩：测量牧草平均高度15.1 cm，植被盖度33%；施肥30 kg/亩：测量牧草平均高度17 cm，植被盖度33%；施肥40 kg/亩：测量牧草平均高度21.4 cm，植被盖度33%。对照区：不施肥，赖草平均高度为21.8 cm，植被盖度29.3%。

图7-14　赖草施肥增产增效试验

8月1日：施肥20 kg/亩：测量牧草平均高度27.1 cm，植被盖度40%；施肥30 kg/亩：测量牧草平均高度32.8 cm，植被盖度45%；施肥40 kg/亩：测量牧草平均高度34 cm，植被盖度47%。对照区：不施肥，赖草平均高度仅为23.4 cm，植被盖度35%。

施肥20 kg/亩：赖草生长速率0.353 cm/d；施肥30 kg/亩：赖草生长速率0.465 cm/d；施肥40 kg/亩：赖草生长速率0.371 cm/d；对照区：赖草生长速率仅0.047 cm/d。

通过研究表明：草地施肥对草地植被地上生物量、植被盖度、植物物种组成、物种多样性均有一定的影响（图7-15）。

目前，那曲的草地施肥，绝大部分还是通过家畜放牧，棚圈等方式进行自然施肥，以草地管理为目的的草地施肥面积很小，肥料种类也单一。今后应扩大人工施肥面积，并示范推广目前在内地使用较多的稀土微肥、有机肥、厩肥，把那曲乃至整个西藏的草地施肥工作推向一个更高的层次。

图7-15　天然草地人工施肥

在天然草地施肥增产增效研究的基础上，建议在那曲周边和牲畜养殖合作社建立高寒牧区草畜平衡示范村，引导群众组织群众通过在天然草地施农家肥、划区轮牧等措施，改良和复壮天然草地，不断提高天然草地牧草产量，提高草地载畜量，实现循环型生态—高质量放牧协同发展。

五、草地生态补播技术

退化草地植被覆盖度低、土壤裸露较多，需进行草地补播，增加草地植物多样性。草地生态补播适用于中度和重度退化草甸的修复治理。

（一）草地补播

草地补播指就是在不破坏或少破坏原有植被的前提下，在草原上补播一些能适应当地自然条件的有价值的优良草种，达到迅速提高草原植被盖度、增加产草量、改善品质的目的。

退化草地生态补播修复方法，包括围栏建设、补播牧草品种选择、配制草种、播种、施肥、田间管理等步骤。

补播牧草选择：在补播品种的选择上，要适应当地土壤、气候，尽量使用当地原生品种，通常以3个以上的品种按一定比例组合混播，选择垂穗披碱草＋星星草＋冷地早熟禾混播。

补播方式：有人力补播、机具补播、飞机播种等。机具补播是借助补播机，在地势比较平坦、集中连片、便于机械作业的退化草原播撒或条播草种；人力补播是在面积较小或地形比较复杂的草原，人工徒手或借助手摇播种机撒播草种；飞机播种则是在面积较大或海拔较高、人力和机具不易到达的草原，通过飞机撒播草种。

补播时间：一般都在6月那曲雨季来临之际进行补播。

补播技术：浅翻耕或耙地松土—施肥—撒播或条播种植。

围栏封育：实施草地补播后，需进行2～3年的禁牧封育。

（二）实践应用

草地补播是普遍应用于草地更新复壮的重要措施之一（图7-16）。目前在那曲采用这种措施进行草地改良的很少，基本上处于空白。那曲市农牧业（草业）科技研究推广中心在那么切乡6村的一片严重退化的草地上，用拖拉机牵引浅耕机补播垂穗披碱草、早熟禾和星星草，牧草长势良好，翌年亩产鲜草达30 kg/亩，植被覆盖度68%以上。退化草地生态补播可获得较好的生产能力和草地覆盖度，有利于促进草地恢复。

通过研究表明，补播改良后的草地（8月）较对照草地植被群落高度增加45.9%，群落盖度较对照草地增加80.9%，地上生物量较对照草地增加了66%。

图7-16　草地补播复壮改良技术

六、草地重建

对于重度退化、极重度退化草地，为防止风沙侵蚀、土壤沙化退化，可采用草地生态重建进行修复治理（图7-17、图7-18）。

近几年，在色尼区那曲镇、尼玛县尼玛镇开展高寒草地生态修复治理研究，在重度退化草地进行生态重建，开展一年生牧草和多年生牧草保护套种，冷地早熟禾、星星草、披碱草同油菜或燕麦混播套种，生态修复效果明显，混播建植的多年生牧草长势很好，达到了生态修复的预期效果（图7-19）。通过样方监测建植的多年生牧草平均高度达7.5 cm，植被覆盖度在67%以上；非灌溉区由于降雨充沛，生态补播效果较好，补播种植的多年生牧草长势较好，牧草平均高度6.2 cm，植被覆盖度在45%以上。

通过多年生牧草和一年生牧草混播处理，一年生牧草长势较快，前期植被覆盖度较高，为土壤涵养水源，防止土壤水分的蒸发起到了较好的作用，保护了多年生牧草的生长，提供了良好的生长条件。

那曲冷季草地缺乏，冬春饲草贮量不足是限制畜牧业生产的主要因素，改变这种局面的重要措施之一就是建立人工草地，开展增草增畜的种养模式。东部县的水热条件较好，适宜发展以紫花苜蓿、草木樨、红豆草为主的豆科牧草，还可种植芜根、饲用油菜等作物。对现有农地应实行草田轮作，并逐步实现退耕还牧。中、西部县适宜种植以披碱草、老芒麦、燕麦等为主的禾本科牧草。据那曲市农牧业（草业）科技研究推广中心在色尼区那么切乡6村，用青稞燕麦混播，当年青稞燕麦鲜草草产量为3 305.7 kg/亩，相当于天然草地产草量的5～15倍，在原草原站试验地也取得同样的试验结果，用披碱草和紫花苜蓿混播，紫花苜蓿成功越冬，混播亩产鲜草达到1 148.9 kg/亩，对于这些试验成功的人工草地建设经验，应当很好地总结，并示范推广。

图7-17　次生裸地

图7-18 裸地翻耕

图7-19 极度退化草地生态重建

七、毒杂草防治与利用

据不完全统计，那曲有毒、有害植物达114种，约占植物总数的21%。其中对草地畜牧业为害最大的是为数不多的几种毒杂草，主要有劲直黄芪、辣豆属和狼毒属的若干种类。毒害草的防治与利用方法主要有以下几种。

（一）人工清除法

利用人力和借助简单的工具进行集中清除或放牧人员一边放牧，一边清除。这种方法简单易行，但对大面积的草地除莠难以胜任。

（二）化学除莠法

该方法是通过化学除莠剂的选择性灭杀特性，对草地中不同种类的毒害草进行灭杀。通常使用2,4-滴类灭杀一年生和多年生阔叶双子叶植物；使用2,2-二氯丙酸类（茅草枯）灭杀狭叶的单子叶植物。在采用化学方法除莠时，除对不同的毒、害草须选用不同种类的药剂外，还须对药剂浓度及喷施时间掌握得当。

（三）生物防治法

随着人们环保意识的不断增强以及对无污染的绿色畜产品、食品的需求，化学除莠法的运用将会逐渐减少，代之而起的将是更加符合环保要求和人类健康需要的其他方法，如生物防治法。

（四）毒害草的利用

利用毒害草研发高原鼠兔植物源灭鼠剂，有效利用毒杂草（狼毒等、辣豆、铁棒锤等）毒素，就地取材，研制几种高效、高选择性，经济、安全的灭鼠剂。通过植物源灭鼠剂的研发推广应用，一方面是提高原鼠害、毒杂草防治，另一方面是控制草原退化、沙化、保护草地资源，维护生态平衡，是发展畜牧业的一项有战略意义的重大措施。

家畜在草地上放牧，很难避免毒杂草为害，发生中毒。为了防止家畜中毒或减小中毒机会，目前国内外除采取措施清除毒害草外，还采用了一些预防、治疗牲畜中毒的新方法，如生态工程法、日粮控制法、植被演替法、改良草群结构法、添加剂法、药剂解毒法等。

八、鼠害、虫害防治

鼠害、虫害是导致那曲草原退化不可忽视的重要因素。那曲鼠害主要为高原鼠兔、布氏田鼠、喜马拉雅旱獭、高原兔，鼠害大量的挖掘和采食活动，损伤牧草的根茎，破坏草地植被，使牧草生长发育受到抑制，草地生产力下降，是导致草地退化的主要原因之一。草原鼠类打洞造穴、啃食草根、破坏草皮和地表土层，造成地面塌陷、砾石裸露和沙化，严重的则造成寸草不生的次生裸地，即"黑土滩"。鼠害防治是天然草地恢复和人工草地建植最关键的技术措施。

（一）鼠害治理

鼠害治理方式主要有化学药剂毒杀、不育剂防治、天敌捕食、器械捕获等。传统的防治方法有机械捕杀、毒气熏杀、水灌和化学药物防治法；化学药物法一般采用磷化锌拌配元根，青草配以清油、面粉，制成7.5%的磷化锌青草毒饵或5%的磷化锌元根毒饵。一般在牧草枯黄前投放，效果最好（图7-20）。

图7-20　组织开展草原灭鼠工作

近年来，为了避免长期使用化学药物灭鼠出现抗药及拒食性，人们逐渐采用生物灭鼠法，如C型肉毒梭菌毒素。该法作为灭鼠替换方法，具一定推广价值。但这种毒素的缺点是须保持5 ℃以下的低温，否则会失效，另外，易引起人畜中毒。生物防治的另一含义，就是充分利用鼠类天敌进行自然灭鼠，这也可称为生态天敌灭鼠法，在鼠害肆虐的区域设立招鹰墩、鹰架灭鼠。因此，必须注意保护草地上的鼠类天敌。

另外，那曲市农牧业（草业）科技研究推广中心技术团队在鼠害防治领域逐步开展鼠害隔离防治技术进行灭鼠，鼠害隔离是运用一种鼠害防治隔离装置，根据害鼠洞穴深度（一般在20～30 cm）及防治要求，在治理区四周开挖有连通的细沟，细沟内安装有50～60 cm的钢砂网在地表外露15～20 cm，并在治理区进行彻底灭鼠处理，有效隔离内外害鼠，通过鼠害隔离装置防治技术研究，有效控制隔离区的害鼠数量，解决隔离区域鼠害蔓延的问题，大幅减少了鼠害对草地的破坏，草地生产力得到大幅提升，草地生态系统趋于健康稳定协调循环发展。鼠害隔离防治技术是目前创新的一项灭鼠技术，此灭鼠防治技术操作简易，一次投入，长期见效（图7-21）。

图7-21　一种鼠害隔离网围栏

通过在隔离区内外随机取6个0.5 m×0.5 m固定监测样方，对草地植被盖度、生物多样性、生物量等进行调查。隔离区内植被平均盖度从30.88%提高到72.4%，牧草鲜草产量从每亩43.42 kg提高到134.43 kg，隔离区内植被盖度、产量相比对照区差异显著（图7-22）。

图7-22　鼠害防治后苔草草地

（二）虫害治理

草原毛虫共有五种。在那曲发生的草原毛虫属青海草原毛虫，主要分布在色尼、班戈、索县、巴青、嘉黎、安多、比如等县（区），在聂荣县桑荣乡伴有少量的金黄草原毛虫，而双湖、尼玛、申扎等县一般不易发生。因为草原毛虫喜阴暗潮湿，而西部属高寒草原和高寒荒漠与半荒漠草地类，气候干燥，降水量少，不易草原毛虫发生。虫害治理方式主要有杀虫剂化学防治，以及微生物杀虫剂、植物源杀虫剂防治等。

防治方法主要采用药物防治法。防治时期以草原毛虫三龄盛期为宜，一般采用90%的敌百虫300~1 000倍液，进行人工喷施，大面积的防治须采用机械喷施。

第八章　不同类型退化草地治理技术

　　草地作为一个完整的生态系统，有其独特的发生、发展和演替规律。引起草地退化的原因是多方面的，不同的原因引起不同的草地退化类型，须采用不同的修复治理技术与模式。不同类型退化草地的修复治理模式有封禁保护模式，对退化草地实行长期封禁，禁止放牧和人为干扰，让草地自然恢复。补播改良模式，选择适宜的草种进行补播，增加植被盖度和多样性。施肥模式，根据草地营养状况，合理施用肥料，改善土壤肥力。灌溉模式，在水资源条件允许的情况下，进行适度灌溉，提高草地生产力。松土除杂模式，疏松土壤，清除杂草和有害植物，改善草地生态环境。合理放牧模式，控制放牧强度和时间，避免过度放牧对草地的破坏。建植人工草地模式，通过人工种植牧草，建立稳定的草地植被。草畜平衡模式，根据草地承载能力，合理调整牲畜数量，实现草畜平衡。生态移民模式，对过度开垦和利用的地区，实施生态移民，减少人口对草地的压力。恢复草地生态系统模式，综合运用多种措施，恢复草地的生态功能和生物多样性。这些模式可以根据不同地区、不同退化程度的草地进行选择和组合使用。另外，根据不同退化程度的退化草地和不同类型的草地采取不同的恢复措施，因地制宜恢复退化草地，筑牢生态安全屏障，实现草地畜牧业可持续发展。

第一节　　不同退化程度草地恢复技术

　　草地生态修复治理技术选择概述：根据退化演替程度不同，选择不同的技术措施。未退化草地的地上生物量比例为100%，植被盖度>85%，优良牧草比例>70%，土壤硬度>4 kg/cm²；轻度退化草地地上生物量比例为70%～85%，植被盖度70%～85%，优良牧草比例50%～70%，土壤硬度3～4 kg/cm²；中度退化草地地上生物量比例为50%～70%，植被盖度50%～70%，优良牧草比例30%～50%，土壤硬度2～3 kg/cm²；重度退化草地地上生物量比例为<50%，植被盖度<50%，优良牧草比例<30%，土壤硬度<2.0 kg/cm²。

针对轻度退化草地，采取围栏封育、鼠害防治、施肥等措施；针对中度退化草地，采取围栏封育、补播、灭治杂草、施肥等措施；针对重度退化草地，采取围栏封育、浅翻耕、补播、施肥等措施；针对极度退化草地，采取围栏封育、草地生态重建等措施。

一、轻度退化草地恢复技术

在海拔在4 500 m的高寒草地，植被覆盖度为70%～85%，草地产草量降低的百分比为0～10%，优良牧草为50%～70%，不可食牧草和毒杂草占30%以下的轻度退化草地，恢复技术主要为围栏封育、鼠害防治和施肥等措施。

通过全年禁牧或季节性禁牧的方式进行恢复，鼠害防治时间选择4—5月，封育时间：6—10月的整个生长季进行禁牧，或全年禁牧。草地管理：防止家畜在禁牧区进入草地采食。

二、中度退化草地恢复技术

在海拔在4 500 m的高寒草地，植被覆盖度在50%～70%，草地产草量降低的百分比在30%～40%，优良牧草占30%～50%，不可食牧草和毒杂草占40%以下的中度退化草地，恢复技术主要为采取围栏封育，补播、灭治杂草、施肥等措施。

通过采取围栏封育，补播、灭治杂草、施肥等措施的方式进行恢复，补播和施肥措施尽量不破坏或少迫害原始植被。补播牧草选择垂穗披碱草、老芒麦等上繁草和早熟禾、星星草、碱茅等下繁草，多采用混播种植，播种量5～7 kg/亩，补播方法同生态修复治理技术中草地生态补播技术相同。施肥量农家肥1 500～2 000 kg/亩。

中度退化草地恢复封育时间：1～3年，第一年全年禁牧管理，第二年适度放牧利用，第三年采取轮牧方式进行放牧利用。

三、极重度退化草地修复技术

在海拔在4 500 m的高寒草地，植被覆盖度小于30%，草地产草量降低的百分比在60%～70%，不可食牧草和毒杂草占70%以上的重度退化草地，恢复技术主要为采取围栏封育、浅翻耕、补播、施肥、草地生态重建等措施。

通过采取围栏封育、浅翻耕、补播、施肥、草地生态重建等措施进行恢复，对于海拔较高、坡度较大的极重度退化草地，修复治理难度大，可通过围栏封育，长期禁牧、补播＋施肥的方式进行恢复，修复成放牧型人工草地；对于可机械作业的极重度退化草地，可通过围栏封育、生态重建、施肥等措施进行恢复，建植多年生放牧—刈割型人工草地。

第二节　高寒草地黑土滩型草地恢复技术

一、高寒草地"黑土滩"成因及影响

高寒草地"黑土滩"是高寒草原地区一种特殊的退化现象，是指退化的高寒草甸，最初矮嵩草占优势的高寒草甸退化后，或从最初的植被退化到裸露土地后的次生裸地或严重毁灭的草皮景观的大片区域。"黑土滩"因为退化区域的土看起来很黑，所以又可以叫它们"黑滩""黑坡"。若把草地比喻为人的头皮，草地退化现象相当于脱发掉发，那黑土滩就相当于人的头皮层都破坏了。

形成"黑土滩"的主要原因是超载过牧和鼠害蔓延破坏草原。黑土滩主要有以下特点：一是植被减少，牧草的生长状况不佳，植被覆盖度明显降低。二是土壤裸露，土壤表面裸露，缺乏植被的保护。三是土壤肥力下降，有机质含量减少，肥力降低。四是生态系统受损，生物多样性减少，生态系统的稳定性和功能受到影响。需要强调的是重度退化草地是一种被习惯称为"黑土滩"的退化草地，形成黑土滩的原因包括：一是过度放牧。牲畜数量过多，超过草地的承载能力。二是气候变化。如气温升高、降水减少等。三是鼠害蔓延。老鼠大量繁殖，破坏草地。四是其他因素。如不合理的开垦、挖采等人类活动。

黑土滩的存在会对草地生态环境和畜牧业发展产生负面影响。生态平衡破坏，影响动植物的生存和繁衍。水土流失加剧，降低土壤的保水保肥能力。畜牧业受限，可利用的草场面积减少，影响畜牧业的发展。

二、高寒草地"黑土滩"治理措施

治理"黑土滩"退化草地的目的在于恢复草地植被，提高草地生产能力，因此，高寒草地"黑土滩"的治理措施可从以下几个方面着手：合理放牧，控制牲畜数量，调整放牧方式，避免过度放牧。鼠害防治，采取物理、化学等方法控制鼠类数量。施肥补播，施加适量肥料，补播适宜的草种，提高植被覆盖率。围栏封育，对黑土滩进行围栏保护，禁止放牧和人为干扰。水土保持，采取工程措施和植被措施，防止水土流失。草种选育，选育适应高寒环境的优良草种进行种植。科学管理，建立科学的草地管理制度，加强监测和评估。加强宣传教育，提高当地居民对草地保护的意识。发展生态旅游，适度发展生态旅游，促进经济发展和草地保护的良性循环。建立保护区，设立专门的保护区，保护草地生态系统。持续实施生态补偿机制，通过政策手段，对草地保护进行补偿和激励。开展科研攻关，加强对高寒草地黑土滩治理的科学研究。

（一）天然草地改良

天然草地改良是治理"黑土滩"草地的一项预防性措施，采取禁牧封育、灭鼠及灭除毒杂草等改良措施，恢复植被和生产力。

1. 坚持以草定畜，推行季节畜牧业

青藏高原高寒草地部分区域出现超载情况，必须首先实行以草定畜，依据草地类型、牧草产量，确定合理的载畜量，严格控制放牧强度。同时大力推行季节畜牧业生产，利用夏秋季节气候温暖，牧草营养丰富，牲畜生长快的特点，大量繁殖仔畜，积极开展当年犊牛、羔羊育肥，到冬季来临时，加快牲畜周转、出栏，减轻草场放牧强度，使存栏畜在冬季有足够的饲草，保证草地的持续利用。

2. 禁牧封育＋生态补播＋施肥

对"黑土滩"退化草地采取禁牧封育，并进行生态补播，从而减缓草地因超载放牧所带来的压力，使牧草得以休养生息，达到综合治理"黑土滩"的目的，禁牧时间一般2~3年为宜。围栏封育是较经济又切实可行的一种改良措施。对高寒草地围栏封育，产草量增加62.5%~132.0%，优良牧草比重增加20.74%~39.85%。施肥可增加土壤速效养分，促进植物生长，增大草群密度，提高牧草产量。"黑土滩"型退化草地施用尿素后，地上总生物量和优良牧草生物量均有很大提高。在原生植被盖度30%~50%的退化草地上进行封育＋补播＋施肥改良措施，实施浅耕，补播披碱草、老芒麦等多年生耐寒牧草，封育两三年，待根茎植物完全定植后，结合浅耕补播密丛型植物，以加速草皮的形成，也可以提高草地产草量，改善草地土壤养分状况，大幅度增加优良牧草比重，恢复退化草地植被。

3. 消灭害鼠，改良退化草地

灭鼠应在每年冬、春两季进行，采用人工和机械灭治相结合，生物制剂毒饵灭治与招引天敌灭治相结合的方法。C型肉毒杀鼠素是一种高分子蛋白的生物制剂，灭鼠效果好。鼠类采食毒饵后，在体内进行代谢，受到化学、湿度等多种因素的影响，毒力会下降，残效期极短，不存在二次中毒，不污染环境，不为害鼠类天敌，对人畜安全等优点，是比较理想的灭鼠药物。在灭治中加强鼠害监测，突出重点，综合治理，讲求实效的方针，坚持"连片灭治，集中力量打歼灭战"的原则。积极推广草地灭鼠实

用新技术，主要保护鼠类天敌，实行生物防治与化学防治相结合，加大防治规模和力度，综合防治。有效控制害鼠种群数量，使其保持在维持食物链平衡的水平上，倡导环境友好型草原鼠害管理，促进草地生态系统趋于良性循环。

4. 灭除毒杂草

灭除毒杂草应在6月下旬至7月中旬进行，用除草剂进行毒杂草防除，改良1~2年后，优良牧草覆盖度达到70%以上，毒杂草盖度降到20%以下，牧草青干草产量达到150 kg/亩左右。

（二）重建人工草地

高寒牧区牧草生长期短，草层低矮，牧草产量低，天然地所提供的饲草不能满足牲畜发展的需要，特别是严重缺草的冬春季节。因此，要建立稳定高产的人工饲草基地，人工草地建设要与草地基础设施建设和生态建设紧密结合起来，彻底解决冬春牲畜的饲草供应问题。通过多年的筛选试验，适于"黑土滩"种植的多年生牧草品种有短芒老芒麦、垂穗披碱草、碱茅、星星草、冷地早熟禾、扁穗冰草、芨芨草等。栽培措施采用翻耕＋耙糖＋条播或撒播（垂穗披碱草：星星草：冷地早熟禾按照3：1：1的比例）＋施肥＋镇压。在生长季节每两年追施尿素5 kg/亩。种植方式以混播为宜，在原生植被盖度低于30%，且地势平坦，水分热量条件较好的退化草地上建立人工草地，种植多年生优良牧草，也可以收到明显的效果。

第三节　高寒草地盐碱地恢复技术

盐碱地是盐类集积的一个种类，是指土壤里面所含的盐分影响到植物的正常生长，盐碱土对植物的根直接产生毒害，并提高土壤溶液的浓度，使植物吸收不到所需的水分。盐碱地土壤有机质和养分含量低，土壤结构和物理性能不佳，是一种低产的土壤。在我国，盐碱耕地主要分布在黄淮海平原、东北的西部平原、黄河河套平原和西北内陆干旱区。碱土和碱化土壤的形成，大部分与土壤中碳酸盐的累积有关，因而碱化度普遍较高，严重的盐碱土壤地区植物几乎不能生存。

为了改善和利用盐碱地，需要采取一系列措施，如排水、灌溉、种植耐盐植物、施用有机肥料等，以提高土壤肥力和作物产量。同时，也需要加强盐碱地的监测和管理，保护生态环境，实现可持续发展。

高寒草地盐碱地是指在高寒地区的草地上出现盐碱化现象的土地。其特点包括：一是土壤含盐量高：超出正常范围，对植物生长产生不利影响。二是土壤碱性较强：pH值偏高。三是植被生长受限：盐碱条件使得许多植物难以生长或生长不良。盐碱地形成原因主要有自然因素，包括高寒地区的特殊气候、地形和水文条件等。地下水位上升，导致盐分向上运移。土壤质地本身容易盐碱化。高寒草地的盐碱化逐步降低草地生产力，影响动植物生存，加剧土壤退化，对生态系统和农牧业带来不利影响。

治理措施包括：水利工程，合理排水，降低地下水位。土壤改良，采用物理、化学或生物方法改善土壤质地和肥力。高寒草地盐碱地治理的具体措施：水利改良，建立完善的排水系统，降低地下水位，减少盐分积累。种植耐盐碱植物，如星星草、羊草、小花碱茅、草地早熟禾、扁穗冰草、芨芨草、老芒麦、披碱草等，逐步改善土壤条件。施加有机肥料，增加土壤有机质含量，改善土壤结构。客土改良，用非盐碱土覆盖盐碱地，降低土壤含盐量。化学改良，使用脱硫石膏、磷石膏等改良剂降低土壤碱性。合理灌溉，采用自压喷灌等节水灌溉方式，避免大水漫灌。深耕松土，改善土壤通气性，促进盐分下渗。加强监测与管理，定期监测土壤盐分变化，及时调整治理措施。发展草畜平衡，根据草地承载能力合理安排牲畜数量。推广节水技术，提高水资源利用效率，减少浪费。开展科学研究，不断探索适合高寒草地盐碱地的治理新技术、新方法。

高寒草地盐碱地的恢复技术是一个综合性的过程，涉及多个方面的策略和技术应用。以下是关于高寒草地盐碱地恢复技术的一些主要方面。

一、物理技术

物理技术是一种直接改变土壤性质的方法。例如，"沙压碱"是一种有效的物理性技术，通过向盐碱化的草地土壤中掺入沙粒，改变土壤的物理结构和化学性质，降低土壤的盐分和碱分，从而使植物能够在这种改良后的土壤中生长繁殖。沙粒的掺入增大了土壤颗粒之间的孔隙，抑制了地表蒸发水分，减少了盐碱成分在地表的积累。同时，沙土的混合增强了土壤的渗透性，使得雨水能够更容易地淋溶土壤中的盐碱成分。

二、生物生态技术

生物生态技术主要利用生物手段来恢复和改良盐碱地。这包括植被治理和恢复，通过引种栽培、生态补播、土壤改良等方式来修复受损的草地植被，恢复原有的生态系统。此外，生物生态技术也可用布置植物根系网结构方法，提高土壤质量和稳定性，促进植被的生长和恢复。这些生物手段的应用不仅可以改善土壤环境，还可以提高土壤的保水能力，进一步减少盐碱化的发生。

三、水土保持工程

水土保持工程是修复高寒草地盐碱地的关键措施之一。通过建设蓄水池等水利设施，提供水源保障和灌溉需求，利用灌溉措施有助于促进植被的恢复。水土保持工程还可以减少水土流失，保持土壤的稳定性，从而有助于改善盐碱地的生态环境。

四、科学管理和合理利用

科学管理和合理利用是高寒草地恢复的关键。制定合理的草场管理制度，科学配套合理的放牧量，合理规划草地的利用方式，以保护和修复生态环境。同时，加强科研力量，深入研究高寒草地盐碱地的形成机制和恢复技术，为实际的恢复工作提供科学依据。

综上所述，高寒草地盐碱地的恢复技术需要综合考虑物理技术、生物生态技术、水土保持工程以及科学管理和合理利用等多个方面的因素。这些技术的综合应用将有助于改善盐碱地的生态环境，促进植被的恢复和生长，提高土壤质量，从而实现高寒草地盐碱地的有效恢复。

第四节　高寒草地鼠荒地恢复技术

　　鼠害是西藏那曲高寒草地上的三大自然灾害之一。高寒草地鼠荒地是指位于高海拔、气温较低、植被稀疏的区域，是一种特殊的荒漠化地貌类型。在这种草地鼠荒地上，植被主要由一些毒杂草组成，土壤贫瘠，水分稀缺，鼠洞蔓延，常常出现草原退化和土地沙漠化现象。鼠荒地的形成是由于对天然草原长期的不合理利用，特别是超载过牧，使牧草生长发育受阻，繁殖能力衰退，优良牧草逐渐从草群中消失，适口性差的杂草以及毒杂草入侵群落，导致草地持续退化。退化草地为害鼠的生存、繁衍提供了有利条件，成为它们栖居和繁衍种群的适宜生境。近年来西藏高寒草地鼠害活动更加猖獗。高寒草地鼠荒地治理对生态环境的保护和恢复具有重要意义，需要采取有效的措施来防止鼠荒地荒漠化的发生。

　　草原灭鼠防治是控制草原沙化、退化、保护草地资源，维护生态平衡，发展畜牧业的一项有战略意义的重大措施。那曲鼠荒地的治理措施包括一是物理措施。设置捕鼠器来捕捉草地鼠，控制其数量，减少对植被的破坏，或设置投饵站进行灭鼠，也可通过鼠洞封堵、陷阱等方法，控制鼠害。二是生物措施。对于受到严重破坏的高寒草地鼠荒地，可以进行人工栽植，加速植被恢复，改善生态环境。在高寒草地鼠荒地进行生态补播，通过种植适宜的牧草和植物，增加草地植被覆盖度，防止土壤侵蚀和荒漠化，防止鼠害蔓延。三是科学放牧管理。制订合理的放牧计划，通过合理管理放牧，避免过度放牧导致植被破坏，同时加强放牧区域的监管，确保植被的恢复和保护，避免草地过度放牧而导致草地退化。四是土壤改良。

增施农家肥料、改善土壤质地，逐步恢复草地植被。五是鼠害监测与控制。在退化草原修复后，加强鼠害的监测和控制，将其纳入退化草原修复后管护的一项重要措施，进行长期监控。定期对高寒草地鼠荒地进行生态监测，及时发现问题并采取相应的措施加以处理，在治理区内有效地控制害鼠的种群密度，减轻害鼠对草地的为害。

高寒草地鼠荒地的恢复技术是多种措施综合应用的过程，高寒草地鼠荒地治理技术主要包括以下几个方面。

一、实施鼠害控制

是指采取各种措施来减少或消除害鼠对人类生活和草原生态造成的为害。采用堵洞开洞法调查高原鼠兔的有效洞口数量。害鼠控制方法包括生物和化学灭鼠方法，引进害鼠绝育药剂、抗凝血药品、生物杀鼠剂，或引进害鼠天敌防治技术以控制鼠害。还可对鼠荒地进行植被重建，通过播种、移栽等方式恢复草地植被，治理鼠害。引入天敌，通过适当引入鼠类的天敌（藏狐、黑狐、老鹰等），控制鼠害数量。

二、采取综合治理措施

采取"生物控鼠＋围栏封育施肥＋草种补播（播种量：披碱草＋草地早熟禾＋星星草=3∶1∶1）＋合理利用"的技术模式，治理草原鼠荒地。对鼠害区域进行围栏封育，禁止放牧，以促进植被的恢复；整地施肥，改善土壤质地和肥力，为植被生长提供良好的条件；草种补播，增加植被的密度和覆盖率。有试验研究表明，通过灭鼠、封育和补播技术，综合治理2年后，示范区高原鼠兔控制效果可达95.2%，植被高度，覆盖度，生物量大幅增加。恢复区植被平均高度由7.55 cm增加到20.34 cm，提高169.4%；植被覆盖度提高到76.0%；增加了61.0%；植被高度，覆盖度第一年均较第二年增幅更大。

三、鼠害隔离防治技术

由于那曲鼠害分布面积大，治理投入远不及实际防治面积的需求，治理面积小则害鼠入侵快，导致年年投入不见成效。通过理论研究和实践经验，研发鼠害隔离防治装置，充分利用新型隔离防治技术的优点及积极效果，通过建立鼠害隔离区域，采取害鼠隔离与灭鼠措施进行研究，有效控制害鼠数量及鼠害对草地的破坏，实现一次投入长期见效、增产增效。通过鼠害隔离装置应用于天然草地鼠害防治领域，可有效控制鼠害侵入及对草地破坏，对于天然草地自然恢复、植被盖度增加，以及人工草地产量的提高等有显著效益。另外对推动不同区域防抗灾饲草基地的建设和天然草地植被恢复以及有效促进人工草地的增产增效、增加农牧民收入等方面起到了巨大作用。

有研究表明：通过鼠害隔离装置防治技术研究，有效控制了研究区的害鼠数量，解决了隔离区域鼠害蔓延的问题，大幅减少了鼠害对草地的破坏，草地生产力得到大幅提升，草地生态系统趋于健康稳定协调循环发展。鼠害隔离防治前后之间差异极显著。鼠害隔离后研究区植被覆盖度提高35%～45.5%（鼠害蔓延前：植被覆盖度为19%～43%，鼠害隔离防治后：植被覆盖度为64.5%～72.4%）；隔离区植被平均高度是未隔离的3倍，隔离区内牧草平均产量是未隔离区的2.3倍。

鼠害隔离后研究区害鼠数量已由重度为害转变为防治标准以下（鼠害隔离防治前：害鼠44～66只/亩，鼠害隔离防治后：害鼠2只/亩）；未隔离区平均有效洞口数是隔离区的8.1倍。

另外，鼠害隔离防治装置安装后，对研究进行了彻底的灭鼠，并定期观察了鼠害发生率，评价了鼠害隔离后天然草地的恢复效果和影响，最终达到了一次投入，长期使用见效的目的，为那曲区域化草地建设提供了理论科学依据。

这些技术的实施可以有效地治理高寒草地鼠荒地，提高植被的高度、盖度和地上生物量，增加物种丰富度和多样性，改变植物群落结构，降低鼠害的发生。同时，还需要结合当地的实际情况，采取相应的管理措施，以确保治理效果的持续和稳定。

第九章 草地退化特征及退化监测

草地退化的一般特征：首先是草地群落组成发生变化，草地植被的草层结构趋于简单化，原来的一些建群种或优势种逐渐退化或消失，而草地中陆续侵入大量一年生和多年生杂草，甚至有毒有害植物增加。

其次是草原群落中优良牧草数量减少，可食牧草产量下降，不可食牧草比重增加。

另外草原生境条件恶化主要表现为旱化、沙化、盐碱化、地表裸露、土壤贫瘠、土壤持水能力差，水土流失加剧。

最后就是鼠虫害时常发生，进一步损害牧草，破坏环境。

一、草地生产力的降低

草地牧草产量降低，牧草植株高度、结籽率降低，可食牧草产量下降，不可食部分比重增加，草地生产力下降。

二、优势植物种群的减少

原来的建群种和优势种逐渐减少或衰退，草层结构简单化，而另一些原来次要的植物增加，最后由大量的毒杂草成为该草地的优势植物。

三、毒害草等指示植物的出现

某些植物在草地群落退化演替的时间与空间中具有明显的意义，这类植物种群数量的消长特征，反映着草地的演替过程。如草地出现大量的狼毒、马苋蒿等毒杂草植物，是草地退化的明显标志。

四、饲用可食牧草的变化

在草地植被退化演替的不同阶段，草地生产力衰退的程度不同。随着植物种群的变化，植物的可食性有很大差异。根据植物饲用性变化的评价，也可以反映草地植被退化演替的阶段。

第二节　　草地退化监测

一、监测内容与指标

（一）监测内容

通过在不同草地类型开展草地监测来判断草地生态系统的牧草种类、生物多样性、产草量、生物群落特征和草地演替趋势等。监测的具体内容包括反映草地生态环境质量变化的各种自然地理因素，反映草地生态系统整体功能的各项指标，对草地生态环境有影响的各种人为因素监测指标详见表9-1。

表9-1　草地退化程度分级与指标

<table>
<tr><td rowspan="2" colspan="2" align="center">监测项目</td><td colspan="4" align="center">草地退化程度分级</td></tr>
<tr><td align="center">未退化</td><td align="center">轻度退化</td><td align="center">中度退化</td><td align="center">重度退化</td></tr>
<tr><td rowspan="2" align="center">主要
监测
项目</td><td rowspan="2" align="center">植物群落
特征</td><td>总覆盖度相对百分数的减少率
（%）</td><td align="center">0～10</td><td align="center">11～20</td><td align="center">21～30</td><td align="center">>30</td></tr>
<tr><td>草层高度相对百分数的降低率
（%）</td><td align="center">0～10</td><td align="center">11～20</td><td align="center">21～50</td><td align="center">>50</td></tr>
</table>

（续表）

监测项目		草地退化程度分级			
		未退化	轻度退化	中度退化	重度退化
主要监测项目	群落植物组成结构	优势种牧草优势度相对百分数的减少率（%）	0～10	11～20	21～40	>40
		可食草种个体数相对百分数的减少率（%）	0～10	11～20	21～40	>40
		不可食草和毒草个体数相对百分数的增加率（%）	0～10	11～20	21～40	>40
	指示植物	草地退化指示植物个体数相对百分数的增加率	0～10	11～20	21～30	>30
		草地沙化指示植物物种个体数相对百分数的增加率（%）	0～10	11～20	21～30	>30
		草地盐渍化指示植物物种个体数相对百分数的增加率（%）	0～10	11～20	21～30	>30
	地上部分产草量	总产草量相对百分数的减少率（%）	0～10	11～20	21～50	>50
		可食草产量相对百分数的减少率（%）	0～10	11～20	21～50	>50
		不可食草和毒害草产量相对百分数的增加率（%）	0～10	11～20	21～50	>50
	土壤养分	0-20cm土层有机质含量相对百分数的减少率（%）	0～10	11～20	21～40	>40
辅助监测项目	地表特征	浮沙堆积面积占草地面积相对百分数的增加率（%）	0～10	11～20	21～30	>30
	土壤理化性质	土壤侵蚀模数相对百分数的增加率（%）	0～10	11～20	21～30	>30
		鼠洞面积占草地面积相对百分数（%）	0～10	11～20	21～30	>30
		0～20 cm土层土壤容重相对百分数的增加率（%）	0～10	11～20	21～30	>30
	土壤全氮含量	0～20 cm土层土壤全氮含量相对百分数的减少率（%）	0～10	11～20	21～25	>25

1. 草地气候变化监测

以水、热为主导的气候条件决定了草地的类型、分布，在草地类型演替中起主导作用。对草地气候变化的监测重点是对水、热因子的变化规律进行监测，分析产生这种变化的原因，以及这种变化所引发草地生态环境演替的程度。

2. 草地土壤变化监测

草地土壤理化性质和土壤生物的变化对水、热再分配起决定作用，成为决定植被变化的主要因素。对草地土壤变化的监测重点是对土壤水分、养分、结构组成等理化性质和土壤微生物变化进行监测。

3. 草地植被群落特征变化监测

草地植物是草地的具体组成者，集中反映非生物环境的作用，又能影响和改造环境。从种类组成、生长发育、产量消长等方面对草地植物变化进行动态监测，有利于及时掌握草地资源生态环境变化。

4. 人类活动影响监测

人类活动，尤其是生产经营活动对草地生态环境的影响与改变往往处于主导地位。目前，对由于人类活动对草地产生影响，重点是围绕草地的退化、沙化、盐碱化状况及程度进行评价和动态监测。

（二）监测的指标

1. 草地气候变化监测

以水热因素为中心，包括年或月积温、地温；日照时数；风速、风向；平均年、月降水量及其分布、蒸发量等。

2. 草地土壤变化监测

包括土壤养分（如有机质含量及有效N、P、K等含量），pH值、微生物量、酶活性；土壤颗粒组成、孔隙度、透水率、含水量、团粒结构、团聚体；土壤温度、土壤水分等。

3. 草地植物组成变化监测

植物种群指标包括种群数量、种群密度、覆盖度、频度、多度、凋落物量、种群动态、空间格局、生物量、生长量；植物群落指标包括物种组成、群落结构、群落中的优势种统计、生活型、群落外貌、季相、层片、群落空间格局、覆盖度、生物量、植物多样性等，以及群落中的增加种、减少种、侵入种3种指示植物的变化，特别是对有毒、有害植物的消长进行监测。

二、监测方法

根据目前技术条件，可采用地面监测技术进行监测。

地面监测主要是针对草地气候、土壤、植物、微生物变化进行研究。地面监测可为遥感监测建立监测基点和所需的生态环境指标状况以及为分类与分级结果提供验证标本等。

定位监测样地。定位监测样地是对特定草地生态系统及其组成要素进行长期、系统监测。选取工作通常是与生态系统野外试验站、定位观测（研究）站、生态监测站等的建设结合。样地一般要求选择人类或其他活动未干扰或干扰较轻微、未发生明显草地生态环境变化的地段。

三、草地及其生态环境变化分级

针对草地及其生态环境变化的不同，分级体系有所不同。对于同一种草地及其生态环境变化，由于受地域、学者观念的不同，其分级的指标和量化阈值也存在一定的差异。目前主要集中在草地退化、荒漠化、盐渍化、石漠化分级上。土地研究中对后三者的分级研究较多。

草地退化分级：天然草地在干旱、风沙、水蚀、盐碱、内涝、地下水位变化等不利自然因素的影响下，或过度放牧与割草等不合理利用，或滥挖、开采破坏草地植被，引起草地生态环境恶化，草地牧草生物产量降低，品质下降，草地利用性能降低，甚至失去利用价值的过程。目前对草地退化程度划分级别不尽相同，分级指标涉及草地植物组成、盖度、产量、高度、密度和土壤等方面。

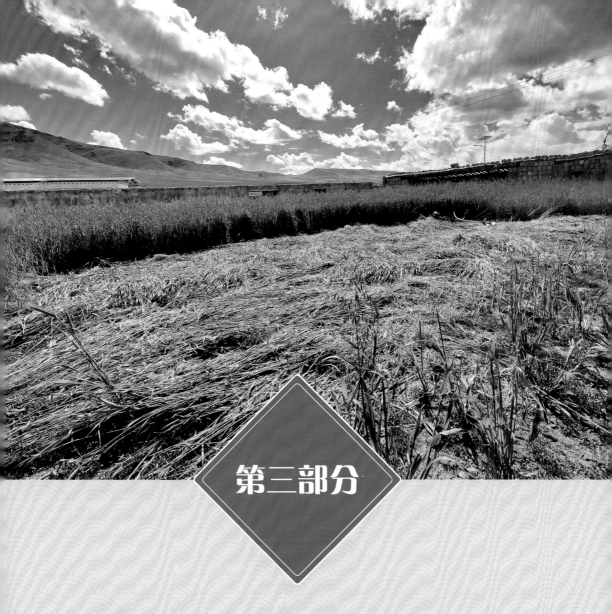

第三部分

那曲草原"三害"治理

　　羌塘高寒草原是藏北那曲生态系统的主体，是广大牧民群众赖以生产、生活和生存的重要资料和物质基础，其独特的自然条件构成了那曲地形地貌复杂、生物物种丰富而又易破坏的高寒草地生态系统。近年来，随着气候变暖及草原不合理利用导致生态环境不断恶化，由此引发了一系列生态和社会问题，如草原生态功能减退、草地退化、冰川雪山融化、生物多样性减少等。草地沙退化严重，尤其是鼠、虫、毒草"三害"严重，草畜矛盾仍在加剧。这些问题将直接影响到牧民增收、牧业增效、生态安全及民族区域稳定，制约草地畜牧业的可持续发展，因此，大力推动羌塘草原生态保护有着重要的生态服务功能价值和现实意义。

　　树立尊重自然、顺应自然、保护自然的生态文明理念，增强绿水青山就是金山银山的意识，坚持节约资源和保护环境的基本国策，坚持节约优先、保护优先、自然恢复为主的方针，坚持生产发展、生活富裕、生态良好的文明发展道路。着力建设资源节约型、环境友好型社会，实行最严格的生态环境保护制度，形成节约资源和保护环境的空间格局、产业结构、生产方式、生活方式，为人民创造良好生产生活环境，实现中华民族永续发展。

　　2021年7月，习近平总书记在西藏考察时指出：保护好西藏生态环境，利在千秋、泽被天下。要牢固树立绿水青山就是金山银山、冰天雪地也是金山银山的理念，保持战略定力，提高生态环境治理水平，推动青藏高原生物多样性保护，坚定不移走生态优先、绿色发展之路，努力建设人与自然和谐共生的现代化，切实保护好地球第三极生态。

而那曲作为西藏海拔最高、生态极其脆弱的主要畜牧业产区，也是国家重要的生态安全屏障，保护好那曲生态环境与草牧业协同发展是那曲维护社会稳定、发展和改善民生的一项重要任务，抓好草的发展是抓好畜牧业的基础之根本和保护生态的积极体现，草业的发展是生态建设与草原畜牧业协同发展的必然需求。

为了进一步提高那曲草牧业工作者和农牧民群众对草原"三害"的认识，推动草原"三害"治理技术的普及推广，最终参考区内外专家的著作和那曲最新研究基础上，总结近年来的草原"三害"治理相关科研攻关工作，结合那曲实际，编写了本部分。该内容主要从那曲草原"三害"的定义和分布、特征及为害、防治技术以及动态监测等方面为着手，制定有效的防治对策以及近年来在开展草原"三害"治理技术方面的典型实用案例，从而更有效地为农牧民技能培训及技术推广工作提供更直接、有效的防治技术。

第十章　概　论

　草原"三害"的定义和分类

一、经济阈值的概念

为防止有害生物发生量超过经济受害水平应采取防治措施时的有害生物发生量（病情指数或害虫密度），又称防治指标。

二、"三害"的定义和分类

草原"三害"是指鼠害、虫害、毒杂草。

（一）鼠害

指鼠类对农牧业生产造成的为害。主要有高原鼠兔（图10-1）、布氏田鼠、喜马拉雅旱獭（图10-2）等。

图10-1　高原鼠兔

图10-2　喜马拉雅旱獭

（二）虫害

指有害的昆虫对植物生长造成的伤害就是虫害。主要有草原蝗虫、刺吸类害虫、蛾类害虫、青海草原毛虫、叶甲类害虫、草地螟等。由于气候变化、风力强等因素，那曲主要有草原毛虫（图10-3）和蝗虫（图10-4）。

图10-3　青海草原毛虫

图10-4　草原蝗虫

（三）毒杂草

西藏草地主要毒杂草178种，分属51科113属，其中导致牲畜误食中毒死亡，能引起重大经济损失的毒杂草主要有豆科的茎直黄芪、冰川棘豆、毛瓣棘豆，瑞香科狼毒，禾本科醉马芨芨草，毛茛科的工布乌头。

那曲现有毒杂草（图10-5）主要是毛茛科、豆科、龙胆科、菊科、罂粟科、杜鹃花科等。主要有毒有害植物种类共有114种，主要有狼毒、青海刺参（图10-6）、棘豆、茎直黄芪、茎直黄芪等，在那曲11县（区）均有广泛分布，尤其是西部地区分布面积较大，已成为许多退化草地主要优势品种。大部分属于深根生的豆科植物，毒杂草根系发达，茎叶茂盛，对各种环境适应能力极强。由于鼠害、超载过牧等种种因素，近几年来，草地以惊人的速度沙退化，优良牧草逐年减少和衰退，相反毒杂草得到了生存与发展的空间，从土壤中吸取大量营养和水分，使草场退化，草质变劣，草地生产性能力下降，形成与优良牧草争夺生境的局面，在西部大片的优

图10-5 毒杂草

良草场逐步被毒杂草侵占，毒杂草已成为草场优势种和主要的植物群落，随着草地沙退化速度加快，毒杂草分布面积越来越大，开始集中连片丛生，已成为草地生态系统中的一员，具有了特殊的生态功能，使防治难度和任务随之加大。由于毒杂草大部分属于深根性的，一般的防治方法难以根除，人工防除需要消耗大量的劳动力，化学防除易污染环境，对优良牧草易造成为害，副作用大，防除后优良牧草如果得不到及时恢复，反而导致草地进一步沙退化。

图10-6 青海刺参

第二节　　草原"三害"分布

一、高原鼠兔的分布

高原鼠兔主要分布在青藏高原的高寒草甸草地垫状植被草地类和高寒草原草地上，为那曲的优势鼠种。因栖居的气候和植被不同，其数量分布也不均匀。在高山草甸的山前冲积扇草甸和山麓平原阶等较大面积的草甸中，洞口密集，数量很多。而在土壤坚硬、地表板结、较潮湿、气候相对寒冷和植被差的地方，洞穴仅零星分布（图10-7）。

图10-7 高原鼠兔

高寒草甸草地是在高寒湿润气候条件下发育形成的一类草地，由耐寒性的多年生中生草本植物为主或有中生高寒灌丛参与形成的一类以矮草群占优势的草地类型。高寒草甸类草地是那曲分布最普遍、面积较大的类型，广泛分布于3 500~5 200 m的区域，草地草层高度5~15 cm，覆盖度70%~83%，结构简单，生长密集，牧草质量和适口性较好，耐牧性强，各类家畜均适宜。植物组成较简单，每平方米有植物15余种，占优势的种类主要是耐寒的多年生中生植物：西藏蒿草、矮生蒿草、高山蒿草、线叶蒿草、珠芽蓼、圆穗蓼、星状凤毛菊、甘肃雪灵芝、麻花艽、直梗唐松草、露蕊乌头、垫状点地梅、独一味、马先蒿等。然而近年来由于地域环境特殊、气候异常、自然灾害频繁等自然因素和超载过牧、落后的草地利用方式等人为因素的影响，导致了藏北高寒草甸草原发生了不同程度的演替及退化现象。那曲主要以高原鼠兔（*Ochotona curzoniae*）为代表的鼠类挖掘活动严重破坏了高寒草甸草地生态环境，将影响到那曲草地畜牧业的可持续发展。

二、草原毛虫的分布

草原毛虫（图10-8）发生在海拔3 800～4 700 m的高寒草甸草原类、高寒草甸类草地，主要为害莎草科类植物，那曲主要分布在色尼、聂荣、嘉黎3个县（区）。由于气候变化、气温上升等因素，在安多、班戈、申扎等高寒草甸草原类草地与高寒草原类草地过渡带草原毛虫发生面积逐年扩增。因为草原毛虫喜阴暗潮湿，而西部属高寒草原和高寒荒漠与半荒漠草地类，气候干燥，降水量少，不易草原毛虫发生。那曲市草原毛虫主要发生在色尼区的达萨乡、罗玛镇和香茂乡；聂荣县的色庆乡和索雄乡；嘉黎县的林堤乡、藏比乡和措多乡；班戈县的尼玛乡、普保镇、德庆镇、佳琼镇、北拉镇、青龙乡、门当乡、新吉乡和保吉乡。

图10-8　草原毛虫

三、毒杂草的分布

那曲天然草地上有毒有害植物广泛分布，原因主要是超载过牧，气候干旱等因素造成的。毒杂草的增多和大量滋生蔓延，它们不但要与优良牧草争夺生存空间，导致土壤养分，品质和产量下降更加剧了草场的过度放牧。牲畜因误食毒杂草造成的中毒和死亡率正在逐年上升，损害家畜的健康，降低畜产品的数量和品质，严重影响着畜牧业的高质量发展。

毒杂草在那曲30%左右的草地几乎遍布生长，在那曲中西部，主要分布着狼毒、棘豆、黄芪等；东部主要分布着茎直黄芪、龙胆、狼毒等，这些有毒有害植物根系发达，耐旱、耐寒力强，分布广，在退化草地上大量滋生蔓延（图10-9）。

图10-9 毒杂草—棘豆

第三节 草原"三害"治理的现状和重要性

一、草原"三害"治理的现状

随着草地退化速度加快，其发生频率和强度日益增大，且不断呈辐射性的蔓延趋势。鼠害大量的挖掘活动，造成草原千疮百孔，水土流失严重，加快了草场沙退化和生态环境的恶化，并严重制约了草地生态畜牧业经济的可持续发展。20世纪80年代初，本地和区内外科研工作者就开始鼠害防治工作的研究，每年从国内外引进药品进行灭效试验，并从物理、化学、生物等灭鼠技术方面做了大量有益的探索和试验。1997年引进C型肉毒梭菌生物灭鼠药，该药品不污染环境，对人畜安全，残留期短，无第二次中毒、投资成本低的特点。通过试验特别适合高寒牧区大面积灭鼠。1998年该药品已在那曲被广泛推广应用，取得了良好的效益，该试验的成功，告别了采用化学灭鼠的时代。

二、草原"三害"治理的重要性

藏北那曲，不仅是西藏畜牧业生产的基地，也是三大江河的发源地，更是我国重要的生态与环境屏障，更是那曲牧民群众赖以生存的生产资本和发展那曲的基本条件，是经济、社会发展的基础。这些年，牧民对草原的过度开发利用，加上气候环境的日趋恶化，草原鼠虫害日显频繁，进一步加剧了对草原生态系统的破坏。对此，加强草原"三害"的防治工作已是地方畜牧业发展的重中之重（图10-10）。

加强草原"三害"治理，是改善生态环境，提高畜牧业生产水平的有效途径之一。通过草原"三害"治理，可有效提高天然草地产草量、提高植被盖度、降低毒杂草滋生。

图10-10 藏北草原

第十一章 草原"三害"的特征及为害

第一节 鼠害的特征及为害

一、高原鼠兔

学名：*Ochotona curzoniae*

别名：黑唇鼠兔，鸣声鼠

科属：属兔科，鼠兔属

（一）形态特征

高原鼠兔身材浑圆，没有尾巴，体色灰褐色。高原鼠兔为青藏高原的特有物种，数量大，多栖息在土壤较为疏松的坡地和河谷栖息在高原地带。体重可达178 g，体长120～190 mm。耳小而圆，耳长20～33 mm。后肢略长于前肢，后足长25～33 mm，前后足的指（趾）垫常隐于毛内，爪较发达，无明显的外尾，雌兽乳头3对。吻、鼻部被毛黑色，耳背面黑棕色，耳壳边缘淡色。从头脸部经颈、背至尾基部沙黄或黄褐色，向两侧至腹面颜色变浅。腹面污白色，毛尖染淡黄色泽。门齿孔与腭孔融合为一孔，犁骨悬露。额骨上无卵圆形小孔。整个颅形与达乌尔鼠兔相近，但是眶间部较窄而且明显向上拱突，从头开侧面观呈弧形，脑颅部前1/3较隆起而其后部平坦。颧弓粗壮，人字脊发达，听泡大而鼓凸。上，下须每侧各具6颗颊齿（图11-1）。

（二）生活习性

高原鼠兔终生营家族式生活，穴居，多在草地上挖密集的洞群，洞

口间常有光秃的跑道相连，地下
也有洞道相通，洞系分临时洞和
冬季洞。其巢区相对稳定，每个
巢区的家族成员平均为2.7只（最
多为4只），配对前巢区面积平均
1 262.5 m²，配对后巢区面积略有扩
大，平均2 308 m²。各自的巢区比较
稳定，有明显的护域行为。高原鼠
兔很奇特，有的是一夫一妻制，有

图11-1　高原鼠兔

的是一夫多妻制，还有少数多夫多妻制，或三种现象并存，这在其他动物
身上是不可能发现的。高原鼠兔属白昼型活动的种类，活动距离一般距中
心洞20 m左右，以各种牧草为食，不冬眠，秋季也不贮存越冬用的牧草。
主要取食禾本科、莎草科及豆科植物，平均每日采食鲜草77.3 g，约占其体
重的一半。高原鼠兔能发出6种不同的声音，成年鼠兔在求偶交配时发出长
而急促的"咦"的声音，幼年鼠兔声音相对小而温柔。

（三）洞穴

　　高原鼠兔喜营群栖、穴居生活。其洞穴可分栖居洞和临时洞两类，
栖居洞是高原鼠兔栖居和繁殖的洞穴，其结构比较复杂，洞口一般在4个
以上，多则20个，洞口前有土丘，各洞口间组成网状的跑道，洞口为椭
圆形，洞道弯曲多分支，洞道总长一般在10 m左右，内有巢室、仓库和
粪坑。临时洞是鼠兔停留隐蔽之处，其特点是洞口小而少，洞道短而无巢
室。在栖居洞的洞口外面的土丘上有新土和脚印，洞口光滑、湿润，冬季
洞口壁上有冻霜和冰屑。

（四）食性与食料

　　高原鼠兔属于草食性动物，尤其喜食优良牧草的茎、叶、花、种子及
根芽，主要为害禾本科、莎草科、豆科和十字花科，而不喜食委陵菜、珠
芽蓼、火绒草、点地梅、狼毒、棘豆、黄芪等毒杂草。

（五）活动节律和范围

高原鼠兔主要为白日活动的鼠类，每日活动的数量高峰夏秋季一天两次，冬季只有一次，高原鼠兔白天活动觅食的两个高峰期为：7：00～10：00，17：00～19：00。鼠兔在活动高峰，地面数量基本与实际存在的数量接近。

二、布氏田鼠

学名：*Lasiopodomys brandtii*
别名：沙黄田鼠、草原田鼠
科属：仓鼠科、田鼠属

（一）形态特征

布氏田鼠体95～201 mm，毛相当粗硬，较短，背毛长通常短于10 mm。尾巴相当短，尾长平均25 mm，占体长20%，尾上覆盖着一层直硬的毛。耳朵短，耳长11 mm，几乎完全隐藏在10 mm左右长的被毛中。前足明显短于后足，前足有利爪，并不太长。前足4指，后足5趾。乳头8个，胸部2对，鼠蹊2对（图11-2）。

图11-2　布氏田鼠

（二）生活习性

布氏田鼠白天活动。春冬季中午出洞，夏季则在上下午温度低时活动频繁，秋季全天活动。在冬季的1—2月，一般都将洞口堵塞，躲在洞穴内靠其储粮生活，但在无风晴朗的日子里仍外出活动。春季自3月中旬开始，布氏田鼠在地面上的活动迅速增加，活动高峰在上午11时至下午1时，呈单峰形。活动范围要比其他季节大，最远可达500 m。全年中在夏季地表活动时间最长。超过15~16 h，出洞早，归洞晚。每天有清早、傍晚两个活动高峰。

（三）洞穴

布氏田鼠挖洞能力强，洞系复杂，大体上可以区分为三种类型，即越冬洞、夏季洞和临时洞。临时洞的结构十分简单，一般只有2个洞口，洞口之间有1~3 m长的洞道。夏季洞多为新挖掘的洞系，无仓库；巢室较小，最大的为17 cm×17 cm×23 cm；厕所也不明显，通常有3~10个洞口，洞道总长度为4~11 m。越冬洞系均为使用一年以上的洞系，结构最为复杂。每个洞系通常有洞口8~16个，有时可达数十个，洞口之间有跑道相连。越冬洞的地下部分有巢室、仓库、厕所等，各部之间有纵横交错的地下洞道贯通。大部分洞道都分布在离地面垂直深度12~22 cm处，以17~40 cm的斜行洞道开口至地面。洞道和洞口的直径4~5 cm。有时上行洞道靠近地面时形成盲端。

（四）食性和食料

布氏田鼠所吃的食物，46%是羊草，其他8%~19%是冷蒿、寸草苔、多根葱及针茅。体重42~55 g的成体，夏季吃鲜草日食量为38 g，若折合成干草，约14.5 g。布氏田鼠不冬眠，有秋季储存食物的习惯。

三、旱獭

学名：*Marmota*
别名：土拨鼠、草地獭、哈拉、雪猪、曲娃（藏语）
科属：松鼠科，旱獭属

（一）形态特征

旱獭是大型啮齿动物。体短身粗，成年长490~575 mm，体重7~10 kg。无颈，尾、耳皆短，耳壳黑色。头骨粗壮，长度89~103 mm。

上唇为豁唇，上下各有一对门齿露于唇外，两眼为圆形，眶间部宽而低平，眶上突发达，骨脊高起，有更宽颧弓，头骨身体各部肌腱发达有力。四肢短而强，前足4趾，后足5趾，可直立行走；母獭有6～7对乳头。前爪发达，适于掘土（图11-3）。

图11-3 旱獭

（二）生活习性

集群穴居，挖掘能力甚强，洞道深而复杂，多挖在岩石坡和沟谷灌丛下。从洞中推出的大量沙石堆在洞口附近，形成旱獭丘。白天活动，食量大，每日啃食大量优良牧草，最喜欢的植物有野燕麦、冰草、菊苣、三叶草、和小旋花（田旋花）。偶尔也吃菜园草、向日葵和农作物，如土豆。耐饥饿，不饮水，喜食含水量大的多汁饲料。

野栖旱獭主要以莎草科、禾本科植物的叶、茎，豆科植物的花为食，且有季节性变化，在饲养条件下表现为杂食性。旱獭易驯化，不伤人，不耐热，怕暴晒，抗病力强。当气温长时间低于10 ℃以下时，就自然冬眠，时间可长达3～6个月，当气温转暖后自然苏醒。

（三）栖息环境

旱獭主要栖息于气候寒冷的丘陵地区、山地的各种草原和高山草甸，温带草原和半荒漠地区。

四、草兔

学名：*Lepus capensis*

别名：沙漠野兔

科属：兔科，兔属

（一）形态特征

草兔体形较大，体长40~68 cm，尾长7~15 cm，后足长9~12 cm，耳长10~12 cm，体重1.0~3.5 kg。体背面毛色变化大，由沙黄色至深褐色，通常带有黑色波纹；也有的背毛呈肉桂色、浅驼色或灰驼色；体侧面近腹处为棕黄色；颈部浅土黄色；喉部呈暗土黄色或淡肉桂色；臀部通常较背部为淡，耳尖外侧黑色；尾背均有大条黑斑，其余部分纯白；体腹面除喉部外均为纯白色；足背面土黄色。尾长占后足长的80%，为中国野兔尾最长的一个种类。耳中等长，占后足长的83%。上门齿沟极浅，齿内几无白垩质沉淀（图11-4）。

图11-4　草兔

（二）生活习性

草兔只有相对固定的栖地，除育仔期有固定的巢穴外，平时过着流浪生活，但游荡的范围一定，不轻易离开所栖息生活的地区。春、夏季节，在茂密的幼林和灌木丛中生活，秋、冬季节，百草凋零，草兔的匿伏处往往是一丛草、一片土疙瘩，或其他认为合适的地方，草兔用前爪挖成浅浅的小穴藏身。这种小穴，长约30 cm，宽约20 cm，前端浅平，越往后越深，最后端深约10 cm，以簸箕状，中国河北省的猎人把这种草兔藏身的小坑叫"掩子"。草兔匿伏其中，只将身体下半部藏住，脊背比地平稍高或一致，凭保护色的作用而隐形。受惊逃走或觅食离去，再藏时再挖，有时也利用旧"掩"藏身。

（三）栖息环境

草兔主要栖息于农田或农田附近沟渠两岸的低洼地、草甸、田野、树林、草丛、灌丛及林缘地带。春、夏季节，在茂密的幼林和灌木丛中生活，秋、冬季节，百草凋零，草兔的匿伏处往往是一丛草、一片土疙瘩，或其他认为合适的地方，草兔用前爪挖成浅浅的小穴藏身。

五、害鼠对草原植被的影响

据调查，在全市天然草地上均有鼠害发生，平均每公顷草地鼠害密度约60只，主要为害鼠类为高原鼠兔，藏语俗称（阿不拉）。高原鼠兔是典型的植食性动物，牧草的根、茎、叶、花、果实和根芽均可采食，对鲜嫩多汁的部位尤为嗜食。根据对高原鼠兔食量、食性的研究，一只成鼠日平均采食量约77.3 g，56只成年高原鼠兔消耗的牧草相当于1头藏绵羊的日食量，据统计青藏高原的牧草每年有1/3被鼠吃掉。而且鼠兔在挖掘活动中推出的土覆盖住牧草，使得大量优良牧草死亡，促使披针叶黄花、橐吾等毒杂草滋生蔓延，造成草场质量下降（图11-5）。

图11-5 鼠荒地

（一）消耗牧草与畜争食

高原鼠兔的食物主要是优良牧草，它们食量大，平均每鼠日食鲜草40～60 g，一只成年鼠兔在牧草生长的5个月期间，至少消耗牧草11～15 kg。在自然界，大约100只鼠兔一日对牧草的消耗量相当藏系绵羊一日的饲草量。破坏更为严重的是，高原鼠兔在春季啃食牧草的根、芽，破坏了牧草的生长组织，牧草的生机衰退，逐渐死亡。夏、秋季牧草随着生长而被啃食，并因此而失去抽穗、开花、结实的机会。

（二）挖掘活动损伤牧草

高原鼠兔不仅挖洞，而且靠挖洞取食牧草的根系，或在地表挖掘采食牧草的根系，影响植被的生长和发育，甚至导致植物死亡。

（三）啃食挖掘活动造成草场植被盖度降低，引起群落演替

由于高原鼠兔大面积的发生，使草场优良牧草逐年减少或消失，而毒杂草得以保存并大量蔓延。据对那曲某草场鼠害情况调查，鼠害严重的地区，草场已发生逆演替。以生长茂盛的嵩草为主的高产优质草场，由于破坏严重，变成植被生长稀疏的以杂类草为主的低产劣质沙退草场，其内遍布砂砾和鼠洞，流失表土层厚达7～25 cm，草场已受到毁灭性打击，并不断向四周蔓延（图11-6）。

图11-6　鼠害挖掘鼠洞造成人工草地的影响

（四）高原鼠兔的挖掘活动造成水土流失

据色尼区的调查，由于挖活动造成草地生草层结构的破坏、风蚀、水蚀、流失表土，在草场表面形成大片10～20 cm遍布沙丘的深坑，其面积占草场面积的8.8%，流失表土7.4万m³/万亩，直接造成土壤资源的损失，并造成了严重的生态灾难，是草地沙化、退化的重要因素之一（图11-7）。

图11-7　鼠害啃食牧草对人工草地的影响

六、高原鼠兔对高寒草原稳定性的影响

草原鼠类是草地生态系统的重要组成。在长期演化进程中，鼠类和植物相互作用、相互影响，形成复杂而相对稳定的生物群落，维系着草地生态系统结构、功能过程以及两者的协调发展。过度放牧常可引起草原鼠类种群数量的骤增，其个体所占有的草地食物资源相对减少，它们为了取得足够的食物资源尽量提高资源利用率，使种内竞争加剧，草地植物群落会

因动物过度采食和过度的挖掘行为而发生演替。引起草地退化演替有可能是一种种群所致，也可能由两种或者两种以上种群共同作用的结果，也可能是在某种情况下，动物只是起到"催化"的作用而加速草地植被群落的退化演替。然而，草原鼠类对维持草地平衡，退化草地恢复重建也有积极的作用。

草地退化是鼠类活动加剧的诱因。当高寒草甸处于轻度退化阶段时，土壤坚实，而且土壤中植被根系发达，不利于挖掘鼠洞，高原鼠兔数量较少，为害较小，所起作用也轻；如果继续超载过牧，植物群落由于多种杂草的侵入，高山蒿草比例下降，土壤表面蒸发加大，湿润转变为干旱性，土壤结构疏松，有利于高原鼠兔的生存，种群数量猛增，除啃食牧草外到处挖掘洞穴，鼠坑纵横，为害面积增大。草皮与鼠洞形成了镶嵌的复合体，在风力作用下，尤其在冬春季节，尘土飞扬，甚至覆盖邻近区域的草皮，控制周围植物的生长发育，演替为重度退化，最终导致"鼠荒地"的出现。

第二节　虫害的特征及为害

一、草原毛虫

（一）形态特征

1. 成虫

雌雄异型，雄蛾体长 7 ~ 9 mm，体黑色，头部较小，口器退化，不吃东西，能飞行。雌蛾体呈长圆形，比较扁，体长 8 ~ 14 mm，宽 5 ~ 9 mm，头部较小，口器退化，前、后翅均退化，不能飞行，也不能行走，仅能蠕动身体（图11-8、图11-9）。

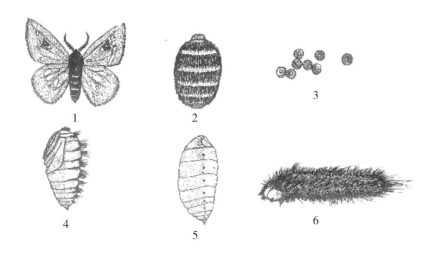

1. 草原毛虫雄性成虫　2. 草原毛虫雌性成虫　3. 毛虫卵　4. 草原毛虫雄茧

5. 草原毛虫雌茧　6. 幼虫

图11-8　草原毛虫

图11-9　草原毛虫采食牧草

2. 虫卵

散生，藏于雌虫的茧内，表面光滑，乳白色，直径1.3 mm左右，上端中央凹陷，呈浅褐色（图11-10）。

图11-10　草原毛虫虫卵

3. 幼虫

雄性幼虫6龄，雌性幼虫7龄，初龄幼虫体长2.5 mm左右，呈乳黄色，12 h后变成灰黑色，48 h后变成黑色，老龄幼虫体长22 mm左右，体黑色，全身密布黑色长毛，头部红色。

4. 蛹

雌雄异型，雄蛹椭圆形，长7.6～10.2 mm，宽3.8～5.1 mm，背部密生黑色细长毛。腹部背面有3条淡黄色结晶状腺体，腹部末端尖细，被羽化的蛹带嫩绿色，经一日后变为黄褐色，两日后呈黑色，翅芽、触角远比雌蛹大。蛹外具茧，茧长12.0～15.7 mm，宽4.6～7.1 mm，椭圆形、灰黑色，茧由老熟幼虫吐比或脱落后的毛组成，外观似一粒羊粪。雌蛹纺锤形，较雄蛹肥大，长9.5～14.1 mm，宽4.6～7.1 mm。全身比较光滑、深黑色。背部具有稀疏的黑毛。蛹体也被茧包住，茧比雄茧大，长14.5～19.5 mm，宽7.5～11.3 mm。

（二）生活习性

1. 幼虫期

幼虫期是草原毛虫的营养阶段，也是大量取食牧草的为害阶段。

（1）越冬和出土。越冬1龄幼虫有群聚性，翌年6月越冬幼虫随地层解冻气温逐渐升高，从越冬场所逐渐向地表转移，临近出土时，少数幼虫常于暖和的中午外出活动，当气温降低时，又钻进越冬场所。一般出土比较齐，绝大部分幼虫在1~2 d内出齐。

（2）活动与取食。幼虫自第二龄开始为害牧草阶段，随年龄增长，逐渐延长活动和取食时间，扩大活动范围，迅速增加食量。5龄后进入暴食期，6月中旬至7月为害最盛。气温与日照对幼虫活动与取食影响很大。低龄幼虫晴天的中午前后活动与取食最盛，高龄幼虫日出后气温升到7 ℃时开始活动，13~16 ℃时活动与取食很旺。13 ℃以下逐渐停止活动。

天气的变化对幼虫活动也有影响，如阴天，降低活动强度，降雨、降雪停止活动。大风使之被动荡甚快，幼虫也不活动。

2. 脱皮

幼虫每次临近蜕皮时，钻入草丛、石块、牛粪下，停止活动与取食，经4~6 d的休眠期后开始脱皮。脱皮历时一般为15~90 min。

3. 扩散与传播

雄蛾虽不能远飞，但离开雌蛾无繁殖能力，雌蛾不能飞翔，也不能爬行。卵产于茧内，茧固着干草丛中。因此，成虫、卵或蛹均不能扩散与传播，只有幼虫能进行扩散与传播。幼虫爬行更快，但一般爬行不会超过2~3 km。幼虫在活动中掉入河水，顺流而下，大雨造成的地表径流把毛虫冲走，由3~5条结成小团，随流而下，若途中遇到阻拦，则可获得新生。以上说明河水对毛虫的传播有一定的作用。但毛虫被淹没在水里，10 min多数可复活，20 min个别可复活，30 min以上一般不能复活，所以河水传播是次要途径。

4. 蛹期

幼虫成熟后，在草丛中，牛粪和石块下，停止取食，开始吐丝，在吐丝过程中，并逐渐脱毛作茧，幼虫自吐丝开始到茧的构成需24 h，茧的钝端是幼虫或蛹的头部，尖端是尾部。一般蛹期10 d左右。

5. 成虫期

是交配繁殖的阶段。

（1）羽化。雄蛹羽化后颜色变暗，先从背中线裂开，逐渐伸出头部及前足脱蛹壳而出，然后顶破茧的一端爬出茧外，不久即开始寻找雌虫变配，雄虫有假死性，一遇惊恐，即会装死不动。

雌蛹羽化后，表皮逐渐变干燥，并不断蠕动，蛹壳随即开始破裂，之后脱去一层污黄色的绒毛，雌虫羽化后静待茧内，由生殖孔分泌挥发性的性信息激素引诱雄虫。一经交配，即不再分泌。

羽化历时：雄蛾一般在10～25 min。羽化以晴天10：00—18：00最多，夜晚、阴雨天很少羽化，雨后天晴数量显著升高。

（2）交配。雌雄蛾羽化后，不需要补充营养物质，就能交配产卵。雌蛾不能爬行和飞翔，散发出引诱物，引诱雄蛾钻入交配。

雄蛾爬动迅速，飞翔力较强，一般中午前后活动最盛，夜间或阴雨天静伏草丛中。在飞翔中发现尚未交配的雌蛾时，停止飞翔，钻进雌茧内进行交配。交配后，雄虫半数死在雌茧内。外出者一般活动迟钝，飞翔减缓。

雌雄蛾一般只交配一次，个别交配两次，交配时间短者3～4 min，长者达6 h。

雄虫一旦交配后，生命随即告终，雌虫寿命以产完卵为限。由于产卵雌虫逐渐变干、变小，最后死亡。

（3）产卵。交配后的当天或第二天雌虫开始产卵，也有未经过交配即行产卵者，但未交配的卵孵化不了。从羽化至产卵一般5 d左右。

产卵的历时与温度有关，温度高，历期短；温度低，历期长。在室温11.7 ℃和相对湿度62%的条件下，产卵历期5～34 d不等，一般为20～25 d。

（4）产卵量。幼虫期食料丰、营养好，或早期出土者，幼虫生长发育肥大，蛹重，则产卵量高；反之则产量低，一般一头雌虫产卵70～80粒，最多产至300粒左右，最少的30粒。

二、草原蝗虫

由于那曲独特的气候条件等因素，不发生蝗虫类灾害，但作为草原"三害"之一，对草地的为害较大。

学名：*Locusta migratoria* L.

别名：蚱蜢、草蜢、蚂蚱

科属：斑翅蝗科，飞蝗属

（一）形态特征

成虫头部较宽，复眼较大。前胸背板略短，沟前区明显缩狭，沟后区较宽平。前胸背板中隆线较平直；前缘近圆形，后缘呈钝圆形。前翅较长，远超过腹部末端，后足胫节淡黄色，体呈黑褐色且较固定。前翅长：雄性43~55 mm，雌性53~61 mm。后足股节长：雄性21~26 mm，雌性24~31 mm。散居性成虫头部较狭，复眼较小。前胸背板稍长，沟前区不明显缩狭，沟后区略高，不呈鞍状，前胸背板中隆线呈弧状隆起，呈屋脊状；前胸背板前缘为锐角形向前突出，后缘呈直角形，前翅较短，略超过腹部尾端，后足股节常为淡红色。体色随环境的变化而变化，一般呈绿色或黄绿色、灰褐色等，前翅长：雄性为43~55 mm，雌性为53~60 mm稍长，后足股节长：雄性22~26 mm，雌性27~31 mm。中间型也称转变型，成虫头部缩狭不明显，复眼大小介于群居和散居之间，前胸背板沟前区缩狭不明显，沟后区较高，略呈鞍形，前翅超过腹部末端较多或略超过，后足股节略长于或几乎等于前翅长度的一半（图11-11）。

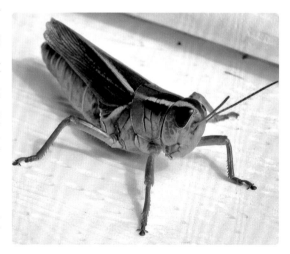

图11-11 草原蝗虫

（二）生活习性

一年发生一代，以卵在土中越冬，发生时期随年份不同和地区等环境条件的变化而有较大的差异。在新疆一般孵化期在4月下旬至5月上旬，蝻期发育30～35 d，6月中旬羽化，8月为产卵盛期，成虫可活到9月。据新疆博斯腾湖的观察，飞蝗蝗蝻（群居型）在3龄后期开始由发生基地向四周渡河扩散，蝗蝻在水中扩散时，呈带状或团状，团的大小不等，其厚度可达50～60 mm，扩散呈扇形，长达1～2 km，扩散时间很长，直到羽化，扩散结果使发生基地的虫口密度大量下降，而在新的扩散区密度则骤然增高，并异常集中，这一现象应在测报中引起高度重视。

飞蝗的适生环境往往表现为地形较低洼，多数是洼地或湖沼，而影响飞蝗发生的气候、水文、土质、地形、植被等因子综合作用的结果，形成了各种蝗区，如新疆博斯腾蝗区，飞蝗发生猖獗的主要原因是：芦苇生长的高度及覆盖率，土壤的含盐量，即构成当年发生数量的多少。例如，芦苇是飞蝗的主要食物，也是其主要栖息和产卵的场所，但当芦苇生长高达2 m以上且覆盖度很高时，则仅能作为飞蝗取食栖息的生境，而不能成为其适宜的产卵场所。如果产卵适宜地的湖滨滩地内泛水，成虫不能在此产卵而被迫产卵于湖滩外围或含盐量高（pH值在8以上）的滩地。致使翌年孵化量很低，此外，虽有适宜的生境条件，如虫口基数甚低，也不能大量发生。

三、草原毛虫对草地的破坏

（一）草原毛虫对牧草的为害

草原毛虫主要为害莎草科、禾本科、豆科、蓼科、蔷薇科等各类牧草，严重影响牧草生长，造成草原缺草，从而妨碍畜牧业的发展。其幼虫主要为害叶片，造成缺刻或孔洞，严重时可将叶片吃光。草原毛虫一般进入3龄期后开始大量为害牧草，随着虫龄增大，它们的食物消耗量也增大。据多年来工作实际情况，那曲市草原毛虫发生较多，主要呈以下特点：一是分布较广，沼泽草场及高山草甸草场发生面积都较广，呈片状分布；二是虫口密度大，草原毛虫密度一般为200～500条/m²，在特重灾区，最高虫口密度高达2 000条/m²以上，可以将数万亩草场吃得精光；三是为害严重，大片草场被草原毛虫吞食精光，造成牲畜无草可食，而且牲畜误食草原毛虫后，出现嘴皮溃烂、上吐下泻直至消瘦死亡。

草原毛虫的为害最主要是破坏草场、植被，呈侵袭性一扫而光，将成片大面积牧草连根基茎部蚕食，这给本来就缺草的状况雪上加霜，使草畜矛盾显得更为突出，形成虫畜争夺草场，使合理的草场牲畜结构调配失衡，势必使牲畜缺草，尤其是冬春季更为突出明显，使大批量牛羊因冬春缺草而掉膘，消瘦死亡。如果遇到冬季大雪成灾，使更多的牲畜大难难逃，这些都是相互联系的，呈连锁式反应，使老弱幼母畜死亡加剧，这是草原毛虫的最大为害。虫灾期是牧草最旺盛期，对牲畜食草减少不会造成更大的威胁，对牲畜当时短期内的抓膘有一定影响，但不是绝对的影响，只是影响了冬春草缺和牧草的自然传播播种，使成年或以后的更多年内草群的密度下降，造成植被稀疏（毛虫将牧草从顶尖端采食而下之，使开花或籽期失去，而不能自然播种），但所受破坏牧草系多年根生，不会造成绝生，更不会造成缺草而水土流失。

（二）草原毛虫对人畜的为害

资料报道通过采访牧民群众了解到，牧民群众在捡拾毛虫、蛹茧和灭虫过程中，由于防护不当会引起中毒现象。用未洗的手揉眼睛会导致眼睛红肿手发痒，严重者眼睛红肿疼痛和手指肿胀。草原毛虫对牦牛、绵羊等家畜的为害从历史上到现在历次虫灾时期，人们都认为草原毛虫对牛羊有为害，主要的为害症状有：牦牛、羊在几个月毛虫为害中的草场食草，嘴、啼接触或误食毛虫或被毛虫污染的草场后，引起嘴唇、蹄部溃烂、红肿等，导致吃草、走路困难。同时有报道说幼虫对牲畜为害很大，家畜误食了带有此虫的牧草后，口部红肿流涎，严重的在舌、牙床、胃部等部位有明显的中毒症状，甚至因中毒而死亡。

四、虫害的发生与环境生态的关系

草原毛虫的分布区大多昼夜温差大，无霜期短，气候变化异常，冬季寒冷，草原毛虫适应这样严酷的条件，一年仅发生1代，而且1龄幼虫有滞育特性，必须经过越冬阶段的冷冻刺激到翌年4—5月才开始生长发育。温度影响卵期的长短，卵期温度高，有利于卵的孵化。温度也影响幼虫出土早晚和牧草返青的迟早。4—5月温度高，幼虫出土早，温度低则出土晚。羽化期温度低于15 ℃时，雄蛾不能起飞，雌蛾不能适时交配，产的卵不能孵化，影响第二代发生数量。毛虫发生地区年降水量约为400 mm，植被生长较好，为其生长发育提供了有利条件。毛虫喜湿，充沛的降雨，有利于发生。4—5月降雨多，幼虫出土整齐，牧草返青早，有利于毛虫生长发育，其数量也多。毛虫化蛹、羽化、产卵及卵的胚胎发育均需要一定的温度和湿度。7—8月气温较高，为次年发生提供了条件。但雨量过多，连续阴雨，雄蛾不能飞翔寻找雌虫交配；湿度过大，也容易使卵发霉腐烂，均不利于其发生。天敌的多少也是毛虫数量变动的一个重要因素。

（一）温度

毛虫的发生与温度有直接关系，它的生命活动要在一定的温度条件下进行，超过一定的温度，其生长发育受到抑制，甚至死亡。而低于一定的温度同样使其不能生存。草原毛虫的幼虫一般在10 ℃以下活动，如夏季温度较高或经常处于低温情况下，幼虫发育缓慢。入秋后气温急剧下降，幼虫来不及作茧化蛹，有很大一部分不能忍耐低温而死亡。温度也影响卵期的长短，卵期温度高，有利于卵的孵化。温度还影响幼虫出土早晚，温度高幼虫出土早，牧草返青早。羽化期温度低于15 ℃时，雄蛾不起飞，雌蛾不能适时交配，产的卵不能孵化，直接影响第二代的发生数量。

（二）降水量

毛虫发生的地区降水量充沛，植被生长好，为其生长发育提供了温床。幼虫越冬阶段降雪量多，等于在寒冷的冬季为幼虫披上了棉装，为其安全越冬提供了条件，使其发生量大大增加。越冬幼虫出土阶段需较高的温度，此时降雪量多，发生量就大。如果8月平均气温高、雨量多，有利于成虫的羽化，产卵及卵的孵化；但不利于成虫的交配，可大大减少其繁殖数量。

（三）天敌

天敌的多少是毛虫数量变动的一个重要因素。取食于毛虫的天敌主要有鸟类：小云雀、棕颈雪雀、白腰雪雀、树麻雀和乌鸦等。寄生于幼虫或蛹体内的天敌有寄生蝇、金小蜂等。

第三节　毒杂草的特征及为害

那曲的毒杂草主要为：狼毒、棘豆、黄芪，马先蒿、棘参、独一味、毛茛等，大部分属于深根生的豆科植物，毒杂草根系发达，茎叶茂盛，对各种环境适应能力极强。

一、瑞香狼毒

高可达40 cm。根圆柱形。茎丛生，平滑无毛，下部几木质，带褐色或淡红色。单叶互生，较密；狭卵形至线形，两面无毛；叶柄极短。头状花序顶生，花多数；萼常呈花冠状，白色或黄色，带紫红色，萼筒呈细管状，裂片平展，矩圆形至倒卵形；雄蕊着生于喉部；子房上位，上部密被细毛，花柱短，柱头头状5—6月开花（图11-12）。

图11-12　瑞香狼毒

二、青海刺参

多年生草本；高20～50 cm，根粗壮，不分枝或下部分枝；茎直立，单一；基生叶5～6，簇生，坚硬，线状披针形，边缘具参波状齿，边缘有

3～7硬刺；茎生叶似基生叶，长披针形，常4叶轮生，基部抱茎；轮伞花序顶生，每轮有总苞片4，总苞片长卵形，近革质，边缘具多数黄色硬刺；花冠二唇形，5裂，淡绿色，外面被毛；瘦果褐色，圆柱形，近光滑，具棱，顶端斜截形（图11-13）。

图11-13　青海刺参

三、茎直黄芪

茎直黄芪为豆科黄芪属多年生植物。茎基部分枝，丛生，直立或上升，疏被白色或黑色短柔毛；羽状复叶，托叶卵形披针形，与叶柄分离；小叶对生，长圆形至披针状圆形，先端尖或钝，基部钝，腹面无毛或被疏毛，背面疏被白色伏毛或半伏毛；总状花序，密集多花而短；花冠紫红色或蓝紫色；荚果矩圆形，密被白色或黑色短柔毛（图11-14）。

图11-14　茎直黄芪

四、冰川棘豆

多年生草本，高3～17 cm。茎极缩短，丛生。羽状复叶长2～12 cm；托叶膜质，卵形，与叶柄离生，彼此合生，密被绢状长柔毛；叶轴具极小腺点；小叶9～19，长圆形或长圆状披针形，长3～10 mm，宽1.5～3 mm，

两面密被开展绢状长柔毛。6~10花组成球形或长圆形总状花序；花冠紫红色、蓝紫色、偶有白色，喙近三角形、钻形或微弯成钩状，极短；荚果草质，卵状球形或长圆状球形，膨胀；花果期6—9月（图11-15）。

图11-15　冰川棘豆

五、黄花棘豆

多年生草本，高10~40 cm。根粗，圆柱状，淡褐色，深达50 cm，侧根少。茎粗壮，直立，基部分枝多而开展，有棱及沟状纹，密被卷曲白色短柔毛和黄色长柔毛，绿色。羽状复叶，卵状披针形，托叶草质；总状花序腋生，密生多花，直立，被黄色和白色长柔毛；花冠黄色；荚果革质，长圆形，膨胀，密被黑色、褐色或白色短柔毛（图11-16）。

图11-16　黄花棘豆

六、小花棘豆

多年生草本，灰绿色，有恶臭；茎缩短，丛生，基部残存密被白色短柔毛的托叶，高20~80 cm。根细而直伸。羽状复叶长5~15 cm；托叶草质，卵形或披针状卵形，彼此分离或于基部合生，长5~10 mm，无毛或微被柔毛；叶轴疏被开展或贴伏短柔毛；小叶11~19，披针形或卵状披针形，长5~25 mm，宽3~7 mm，先端尖或钝，基部宽楔形或圆形，上面无毛，下面微被贴伏柔毛。花期5—9月，果期7—9月（图11-17）。

图11-17　小花棘豆

七、龙胆

多年生草本，高5~10 cm。根茎平卧或直立，短缩或长达5 cm，具多数粗壮、略肉质的须根。花枝单生，直立，黄绿色或紫红色，中空，近圆形，具条棱，棱上具乳突，稀光滑。枝下部叶膜质，淡紫红色，鳞片形，长4~6 mm，先端分离，中部以下连合成筒状抱茎（图11-18）。

图11-18　龙胆

八、铁棒锤

多年生草本，茎直立，块根单生或2~3枚簇生；茎直立，不分枝，上部被反曲而紧贴的短柔毛；叶宽卵形，基部浅心形，3全裂，叶片形状似伏毛铁棒锤，宽卵形，小裂片线形，两面无毛；顶生总状花序长约为茎长度的1/4~1/5，有8~35朵花；轴和花梗密被伸展的黄色短柔毛；下部苞片叶状，或三裂，上部苞片线形；花梗短而粗，长2~6 mm（图11-19）。

图11-19　铁棒锤

九、乌头

一年生草本。茎高25～55 cm，长分枝，被疏或密的短柔毛；根圆柱状。叶片宽卵形或三角状卵形，三全裂，全裂片二至三回深裂，小裂片狭卵形至狭披针形，表面疏被短伏毛，背面沿脉疏被长柔毛或变无毛；总状花序有6～16花（图11-20）。

图11-20 乌头

十、鸡骨柴

直立灌木；多分枝；茎、枝钝四棱形，具浅槽，黄褐色或紫褐色，老时皮层剥落，变无毛，幼时被白色蜷曲疏柔毛；叶披针形或椭圆状披针形，先端渐尖，基部狭楔形，边缘具锯齿；穗状花序圆柱状，常偏向一侧；花萼钟形，外面被灰色短柔毛（图11-21）。

图11-21 鸡骨柴

十一、毒杂草对草原生态的为害

那曲以天然草原为资源，以放牧的方式，生产与经营畜牧业的典型草原畜牧业区域。因那曲海拔高、气候寒冷、空气稀薄、降水量低、蒸发量大，生境极其脆弱，所以天然草原是畜牧业发展的关键因素也是牧民赖以生存的基础。那曲市草地面积共6.32亿亩，可利用草地4.69亿亩，但目前由于气候、环境、人为放牧等多种因素的影响，导致草原退化严重，造成草原退化的主要因素有荒漠化、毒杂草化、盐碱化、干旱和鼠害，其中毒杂草化是继荒漠化后第二大严重灾害因素。草原沙化、退化反过来造成草原逆行演替，进一步导致毒杂草增长。

（一）抑制优良牧草的生长发育

通常毒杂草根系都较为发达，吸收土壤水分和养分的能力很强，耗水、耗肥通常超过其他牧草生长的消耗，从而抑制优良牧草的生长发育，使草地退化，草原生产能力下降。同时有研究表明，多数有毒有害植物可通过化感作用抑制牧草的发芽率、生长期等，从而确保毒杂草生长处于优势，优质牧草减少。

（二）传播病虫害

有的毒杂草可作为病虫害的宿主，帮助病虫害越冬，返青时对处于生长发育期的天然草原起破坏作用。

（三）家畜采食后中毒或死亡

研究表明，因采食有毒植物，母畜表现为不孕、流产、畸形、弱胎、难产、死胎，胎儿发育不良等，公畜表现为性欲降低、精子品质下降等，有毒黄芪和有毒棘豆类植物的大量滋生会严重阻碍当地畜种改良进程。

（四）草地生态平衡遭到破坏，加剧天然草原退化，草地质量下降

毒杂草的扩散使可食性牧草盖度和产量下降，也可以说是草地生产能力降低，单位可利用草场面积下降，影响畜牧业生产。同时生态平衡一旦遭到破坏，修复难度将呈直线上升。

（五）增加成本

草原管护和毒杂草清理需耗费大量的人力、物力、财力，耗时耗力，增加草原放牧的成本。

第十二章　草原"三害"防治技术

一、高原鼠兔防治技术

（一）物理灭鼠法

物理灭鼠是利用某些物理学原理制成灭鼠器械来捕捉、杀害鼠的方法，也叫器械灭鼠法。如利用鼠夹、捕鼠笼、活套等器械捕鼠，还有一些人工灭鼠方法，如挖洞法、灌水法、枪击法等都属于物理灭鼠方法（图12-1）。

图12-1　鼠害防治——物理灭鼠

（二）化学灭鼠法

高原鼠兔在那曲分布广、数量多，物理方法无法消灭。所以化学灭鼠法是消灭高原鼠兔的主要方法。

以往使用的杀鼠剂主要为磷化锌、甘氟等已被禁用，近些年使用的化学灭鼠药种类多样，如灭鼠灵等。

投饵方法，可不分有效洞口和无效洞口投饵，灭鼠人员在统一指挥下，沿规划地方列队排开，每人间隔3~4 m，平行拉网式灭鼠，采用每洞必投法，饵料要投入洞口或洞口内，不应留漏区，不重投，保质保量。

在灭鼠工作中，要严格执行安全规则。毒剂的运输、保管及加工配制应由专人负责。大面积的灭鼠时，应广泛宣传安全规则，进行操作指导，配备必备的防护装备。

（三）生物灭鼠方法

生物灭鼠法包括微生物灭鼠法和生物毒素灭鼠法。

微生物毒素灭鼠法是利用微生物产生各种毒素。细菌、放线菌、立克次氏、衣原体、支原体、真菌、病毒等都能产生毒素。那曲从青海引进的C型肉毒菌素灭鼠法是将C型肉毒梭菌分泌的外毒素用来灭鼠的方法，经地区草原站连续四年大面积的灭鼠试验，已取得成功。目前已广泛推广和普及，深受广大牧民群众的欢迎。

"鼠道难"生物灭鼠剂；剂型：压缩饵料；含量：20.02%地芬·硫酸钡，是一种高效、无毒的新型生物源灭鼠剂，经在藏北那曲大面积应用，表明适口性好，对环境、牲畜、人安全，使用方便、不需要饵料配置等程序，对西藏草原高原鼠兔具有良好的防治效果。

C型肉毒梭菌冻干剂是一种无污染、无二次中毒、残效期短、不产生抗体、对人畜安全、灭效高、成本低、易操作、环保型的生物灭鼠药，适宜高寒牧区大面积灭治和家庭灭治。目前，又生产出第二代液体D型肉毒梭菌，功能更优先，进一步降低了成本，在那曲已引进并试验成功。配制与灭治方法具体如下。

1. 配制方法

首先将饵料（青稞）除杂，按实际需要称其重量，置于配制容器内（洗衣盆、铁槽等），加适量冷水，一般1 kg青稞加60 mL冷水，搅拌使其刚好浸湿青稞表皮为准，在容器底部不得有渗水。其次，打开C型肉毒梭菌瓶盖，注入冷水，标准为其容量的2/3，振荡至全部溶解为止，后倒入已打湿的青稞中，反复搅拌，使其均匀分布，放在阴暗处，待2 h后即可使用。液体D型肉毒梭菌，直接倒入打湿的青稞中，操作方法同上（图12-2）。

图12-2　饵料配制

C型肉毒梭菌冻干剂配制最佳浓度为0.2%，灭效达95以上，即1 kg青稞加毒素2 mL，例如：15 kg青稞加毒素15×2 mL=30 mL，22 kg青稞加毒素22×2 mL=44 mL；液体D型肉毒梭菌配制最佳浓度为0.15%，灭效达99%，即1 kg青稞加毒素1.5 mL，例如：8 kg青稞加毒素8×1.5 mL=12 mL，13 kg青稞加毒素13×1.5 mL=19.5 mL。

以上两种生物灭鼠药，对温度和光照比较敏感，存放和配制时要在低温遮光处，切忌使用热水和碱性水配制。配制饵料当天使用完，不能隔夜使用。

2. 灭治方法

采用每洞必投法，必须将饵料投入洞口内，避免光照失效，每洞投7～10粒（图12-3、图12-4）。在大面积集体灭鼠时，要列队平行式灭治，灭鼠人员的间隔距离根据鼠害密度而定，间距一般为3～4 m，鼠害防治队形及投饵队形要保持基本整齐，不能错前差后，指定专人打标记，防止重投漏投。在投药后，5～6 d开始达到死亡高峰期，超过10 d，饵料自行失效，翌年5月中旬可生根发芽，成为无毒饵料或优良牧草。

图12-3 鼠害防治——列队投饵料

图12-4 鼠害防治队形及投饵

3. 灭治时间

灭治时间选择在牧草完全枯黄期、青黄不接期间，当年12月开始到翌年4月底进行。

C型肉毒梭菌素是进行了除菌过滤处理，不会造成人畜细菌感染。据试验羊口服10 mL，牛口服100 mL未见死亡。也就是一只羊须采食完100亩地上的毒饵，一头牛须采食完1 000亩地上的毒饵方能致死。而一只高原鼠兔采食0.2%的青稞饵料5～7粒即可致死。

（四）综合治理

1. 轻牧+封育

草原原生植被盖度≥75%的地区。鼠害防治后适当休牧、减畜、牧草生长季节封育即可使牧草休养生息，恢复植被，并控制害鼠的种群数量。此方法适用于轻度退化和害鼠为害区域。

2. 除莠（除杂草）+松耙+补播+围栏

草地草原植被盖度在50%～75%的地区。由于优良牧草成分明显减少，而家畜不采食的毒害草在大肆滋生，此类草原往往鼠、虫混生，造成严重的损失。因此，在治理时进行鼠虫防治，清除毒害草，夏季降雨后要松耙补播和围栏封育。治理的目的是控制鼠害，建立放牧型的半人工草地。

3. 松耙补播+围栏封育+施肥

草地原生植物在30%～50%的地区。由于草原生态系统中消费者（家畜、野生动物、鼠虫）数量与生产者牧草生物量严重失调。治理时，首先要减畜休牧，降低载畜量。其次进行鼠害防治，松耙补播，为补充土壤养分，可在防治后喷洒植物叶面肥料，以促进牧草的生长发育，达到控制鼠害的目的。

二、鼠害防治隔离网设计安装

根据鼠洞解剖得出的鼠洞深度数据及高原鼠兔、草原田鼠等体格，隔离网规格设10 mm × 10 mm × 1 000 mm细钢砂网。

隔离网安装、隔离
治理区四周用开沟机开挖
有连通的细沟，细沟深
500 mm、宽200 mm；细
沟外侧与加长加固的立柱
安装填埋恢复草皮，地表
外露隔离网500 mm细钢
砂网，再安装网围栏与隔
离网用铁丝一并绑紧固定
（图12-5）。

图12-5 鼠害隔离网安装

（一）鼠害隔防治措施对草地植被的影响调查

鼠害隔离网安装前后对隔离区内外进行草地植被进行调查，隔离灭鼠
处理前于2018年8月调查一次，隔离灭鼠处理后于2019年8月调查一次。在
隔离区内外各随机取0.5 m×0.5 m固定监测样方6个，对草地植被盖度、生
物多样性、生物量等进行调查（图12-6）。

结果显示：鼠害隔离措施对草地植被具有显著促进作用，降低害鼠对
草地牧草啃食消耗及挖掘鼠洞造成的影响（图12-7）。隔离区内植被平均
盖度从30.88%提高到72.4%，牧草鲜草产量从43.42 kg提高到134.43 kg；
隔离区外植被平均盖度29.95%提高到37.23%，牧草鲜草产量41.4 kg提高到
41.76 kg（图12-8）。

图12-6 草地监测与监测区鼠害调查

图12-7　解剖鼠洞

（二）隔离措施对人工草地牧草产量的影响调查

在隔离区内外灭鼠处理，种植高产优质当年生牧草，选用燕麦青海444为试验对象，对其产量、株高进行测定（图12-9）。

图12-8　鼠害隔离网安装效果

通过同等水平处理，隔离区人工牧草种草产量、株高明显高于未隔离区人工种草。主要表现在未隔离区牧草播种期、出苗期、分蘖期遭受害鼠的啃食、挖掘鼠洞等活动，是直接影响牧草产量、株高降低的原因（图12-10）。

图12-9　鼠害隔离区内草地监测　　图12-10　鼠害隔离防治前草地植被现状

数据表明：通过隔离措施有效控制害鼠侵入及草地破坏，提高人工草地牧草产量，因此鼠害隔离措施是适合应用于区域性草地建设（图12-11）。

图12-11 鼠害隔离防治处理后草地植被恢复情况

第二节 　　草原毛虫的防治

一、防治方法

药物防治以3龄盛期最为适宜，因各地发生情况不同，一般在5月下旬进行灭虫准备工作，6月初开始进行灭虫。因这时幼虫龄期小、牧草矮、盖度小、幼虫抗药能力差、效果好。

在那曲主要采用4.5%氯氰菊酯乳油用来灭虫。

（1）按照浓度配置方法：喷雾器满容量制剂用药量（mL）=喷雾器容积（L）×1 000×喷施浓度。

（2）按照用量配置方法：喷雾器满容量制剂用药量（M）=喷雾器容积（L）/每亩喷雾量（L）×每亩制剂用药量。

注意：每亩喷雾量即在喷雾器喷量喷幅一定的前提下，施药人员按照平均行走速度均匀喷洒沾湿1亩草地的液体消耗量。

（3）根据防治进度、防治面积和药效期确定配制量，随配随用。

（4）配药器具应指定专人负责保管，做好安全消毒。各种容器使用完毕后，统一收回，统一消毒，统一保管。

二、药效试验

不同农药对不同害虫灭治效果均不相同，为保证灭治效益，需确定农药最佳配比浓度。一种药剂使用之前，应按照农药使用说明书规定的药剂用量，分别设置高、中、低等进行稀释，然后进行灭效试验，根据灭效及投入进行综合分析，确定最终使用浓度。

灭效（%）=（喷药前虫口密度－喷药后虫口密度）/喷药前虫口密度×100

三、防治区规划

按照预测预报要求进行调查，将虫口密度达到防治指标的区域确定为喷药作业区域，根据机械台数、作业幅度、风向确定施药队伍的行走路线。

有风时，施药人员行走路线应与风向垂直，"下风口"人员（1号）先行，"上风口"人员（2号）后行（图12-12）。

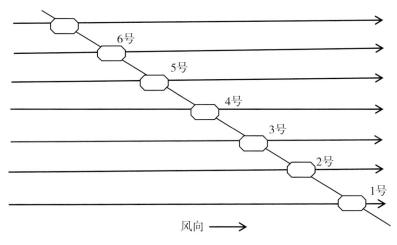

图12-12　虫害防治行走路线

四、注意事项

防止人畜中毒、污染水源，建立登记制度，由专人专库负责管理，喷药人员要严格遵守操作规程，搞好保护，孕妇不要参加喷药，以免中毒。喷药后要禁牧10 d，如果干旱无雨，禁牧时间1个月以上，药品包装材料（纸箱、瓶子、瓶盖、包装袋等）统一回收，集中销毁，不得随意增加用量和浓度。

第三节	毒杂草的防治

一、机械除草法

机械除草法是利用人工和简单的机具将毒害植物铲除的方法。这种方法需花费大量劳动力，所以只适宜小面积的草地。人工铲除毒、害草时应注意：

（1）连根挖除，以免再次生长。

（2）可土壤水分适度时进行，如雨季，操作省力。

（3）必须在毒害草结籽前铲除，以免种子传播。

（4）大面积挖出地方，应平整地面，补播优良牧草，此项工作最好在进行土壤消毒后进行，以彻底消灭土壤中的毒害的种子。

（5）铲除时间最好在萌发（返青）前期。

二、化学除草法

（一）2, 4-滴丁酯（2, 4-二氯苯氯乙酸正丁酯）

适用作物与禾本科牧草、草坪和非耕地。使用方法在禾本科牧草2～3叶期至分蘖期叶面处理，每亩用80%钠盐原粉30～80 mL兑水喷雾，芽前一般亩用72～144 mL兑水喷雾土表。

（二）二甲四氯（2-甲基-4-氯苯氧乙酸）

适用作物于禾本科牧草。使用方法在禾本科牧草2～3叶期至分蘖期，杂草生长盛期，每亩用70%钠盐原粉100～120 mL兑水喷雾。

（三）2, 4-滴丁酸（2, 4-DB）

适用于禾本科、苜蓿等豆科牧草。使用方法在苜蓿株高10 cm左右时，每亩用40%乳油30～150 mL，兑水40～50 kg，均匀喷雾毒、杂草茎叶。

（四）苯达松（灭草松）

适用于禾本科、豆科牧草。使用方法在阔叶毒、杂草2～5叶期，每亩用25%水剂150～250 mL，兑水30 kg左右，均匀喷雾毒、杂草茎叶。

（五）茅草枯（2, 2-二氯丙酸）

适用于苜蓿等豆科牧草。使用方法在杂草生长旺盛期，每亩用80%可溶性粉剂500～1 000 g，兑水50 kg均匀喷雾毒、杂草茎叶等药物种类繁多，使用方法和注意事项详见说明书。

（六）"狼毒净""灭棘豆"等产品

在草原有毒杂草严重为害的地段，选择杀灭有毒杂草技术的试验示范区，通过调查和分析发现除草剂"灭狼毒""灭棘豆"使用后，来年的有毒杂草密度和生物量显著下降，作用机理是阻断有毒杂草的养分供应，使有毒杂草饥饿而死，说明这种除草剂对高寒草原上的狼毒和棘豆非常有效。调查显示，除草剂对样方中其他植物种类却不产生毒副作用，其他植物尤其是占优势的可食性苔草、羊茅等未受到伤害。

三、毒杂草的资源化利用

天然草地是重要的生态屏障。天然草地的存在，对维护生态安全和社会稳定，保护人类和动物生存环境，弘扬草原文化，实现草地永续利用，具有重要意义。长期以来，无计划的自由过度放牧造成草地严重退化。草地退化造成毒杂草滋生和蔓延，毒杂草的出现已成为草地退化的一个重要标志。一直以来，阻止毒杂草滋生和蔓延主要是清除，这并不完全正确。对草地毒杂草防控，应重点注意以下几点：

（一）严格控制放牧强度，防止过牧超载

无计划自由超载放牧是造成天然草地退化和毒杂草繁衍的主要因素。制定实施以年、季度、月和旬为周期的划区轮牧制度，构建草地的合理利用与休闲，可有效控制毒杂草蔓延。

（二）毒杂草作为资源开发利用

对毒杂草不能片面地挖除或灭除，要考虑毒杂草存在的价值，科学善待毒杂草，树立变害为益的思想。草地毒杂草开花色彩艳丽，以毒杂草为依托，发展草地生态旅游，弘扬草原文化。草地毒杂草可作为药用资源利用，如疯草、瑞香狼毒、披针叶野决明、苦豆子等有效成分有抗病毒、杀菌、杀虫、抗肿瘤及提高免疫力等活性，可用于开发抗菌药物、天然农药和抗肿瘤药等。

（三）药学方面的利用

有些有毒植物除含有有毒成分外，本身也是优质的中草药。已有研究表明，瑞香狼毒在抑制肿瘤细胞增殖、诱导细胞凋亡、调控细胞周期、调节机体免疫系统等方面具有突出的防治肿瘤作用，并已从中分离出具抗癌活性的单体化合物。其余毒杂草如甘肃棘豆、有毒黄芪等也能提取相关抑制肿瘤细胞生长的物质，还能提高人体免疫抗性。乌头、醉马芨芨草等多种毒杂草在祛除风湿、消肿抗炎等方面也有显著作用。而很多毒杂草含有多种药理活性的化学成分，除可做医药外，也有杀菌、去虫等功效，是天然的杀虫剂，可开发作为农药在畜牧业生产中使用。

（四）饲用价值

有些毒杂草营养成分高，耐高寒、抗旱、适应性强。可通过有效成分的分离提取、微生物降解处理、生物发酵及青贮等技术降低或去除有毒有害物质，开发饲料资源。于2013年研究了有毒植物黄花棘豆作为脱毒饲料的能力。瑞香狼毒作为那曲市分布范围最广泛的草原植物之一，营养成分丰富、矿物质元素及氨基酸种类齐全，5种大量元素含量高于有"牧草之王"的紫花苜蓿，若能制成脱毒或低毒可饲牧草，将有效缓解畜牧业牧草短缺的问题。目前已有很多脱毒毒害草加工可作为参考依据。

（五）化学方面的利用价值

那曲市部分区域利用狼毒根制作"藏纸"，所造纸经久耐用，还有防虫、蚁的功效，可将技术进行推广，多方利用。有的毒杂草也可用来酿酒等，加大这方面的研究，合理利用，变害为宝，达到保护生态环境的目的。

（六）正确认识毒杂草的生态学作用

从草地生态学角度看，毒杂草是生态系统长期进化的物质，是草地生态群落重要的成分，对于防止地处恶劣气候条件下退化草地进一步荒漠化有着特殊意义。毒杂草在草地植物群落中有自己的生态地位，与其他植物种群相比，具有耐贫瘠，抗旱、抗寒、耐风沙、抗病虫害和生命力强等特性，在防风固沙、保持水土、保护草地植被等方面发挥重要的生态学作用。

第十三章　草原"三害"动态监测

一、害鼠栖息调查

在那么切乡6村、那曲镇14村（天然草地中度退化区），随机分别设5个样方，根据害鼠洞口分布状况每样方取15 m×15 m。随后沿鼠洞侧面逐一解剖观察记录鼠洞深度、长度、鼠洞数。

经害鼠（高原鼠兔）栖息鼠洞解剖，高原鼠兔栖息鼠洞出入洞口数分别达6.4个、6.8个，鼠洞平均深度分别达24.46 cm、29.45 cm，最深达36.8 m，鼠洞长度分别达14.18 cm、13.16 m（图13-1）。

图13-1　鼠害调查-鼠洞解剖

二、堵洞封洞法

第一步，随机设置调查样方（图13-2）。样方不少于3个，样方面积每个不小于4亩，即2 668 m²。

第二步，统计每个样方的鼠洞数量，边计数，边堵洞口，数一个堵一个，记下总的洞口数和堵洞时间。

第三步，24 h后，统计被剖开的鼠洞数，即为有效洞口数。

第四步，有效洞口数乘以洞口系数，即等于样方内害鼠数，高原鼠兔的洞口系数为0.11。

图13-2 随机样方鼠害调查

三、害情调查

害情调查的内容有草地类型的演替变化，植物种类的数量、产量的变化，土壤理化性质的变化，土壤流失量等多种。下面介绍一种土壤破坏面积与流失量的调查方法。

（一）样线法调查高原草地上土壤破坏面积

第一步：随机设置样线，样线长15～30 m，计算样线总长度内毁坏土壤所截的长度，统计总和。

第二步：用以下公式计算破坏率：

$$破坏率（\%）= \frac{样线上土壤毁坏部分长度}{样线总长度} \times 100$$

第三步：按第一、第二步方法，随机设置另外二或四条样线并计算破坏率。

第四步：计算三条或五条线所测得的破坏率（平均破坏率）。平均破坏率乘以调查区草地总面积，即得该片草地鼠害破坏面积。

（二）样线法调查高寒草地上的土壤流失量

第一步：随机设置长2～4 m的样线，按5 cm或10 cm等距，测土壤流失后造成的低于草地表面的坑的深度，计算平均值。

第二步：将上法重复3～5次，得3～5个均值并求总平均值。

第三步：将总平均值（即草场流失土壤形成的坑的平均深度）乘以土壤破坏面积即得草地壤流失量值（m^3）。

四、灭效调查

在草原进行灭鼠后，根据所用药剂的性能、使用浓度等情况，确定灭鼠的调查时间，一般以害鼠中毒后绝大部分已死亡，未死亡的脱离危险状态的时间内进行灭鼠后灭鼠密度调查，以确定灭鼠率，即灭鼠效果。这里仅介绍一种适于地势开阔、洞口明显的鼠密度调查方法——堵洞开洞法。

灭鼠效果可以用灭鼠率衡量，即计算消灭了害鼠数与灭鼠前的害鼠数之比：

$$灭鼠率（\%）= \frac{被消灭了的鼠数}{原有鼠数} \times 100$$

在不同条件下，求灭鼠率的方法也不同。为了工作方便，往往用灭洞率和食饵消耗率来代表鼠率。堵洞开洞法即用灭洞率来代表灭鼠率。

$$灭洞率（\%）= \frac{a-b}{a} \times 100$$

式中：a为灭前样方内有效洞口数；

b为灭后样方内有效洞口数。

第二节　　草原毛虫调查方法

一、发生量的调查

调查毛虫的发生区域、面积、密度、为害程度等，因此是制订第二年防治计划。发生量的调查在8月至10月进行，具体时间根据各地区气候等条件决定。此时正处于卵期，幼虫刚孵化时，在调查中，卵和幼虫均会遇到，所以统计单位面积（1 m²）的卵和幼虫数；也可以统计雌虫茧数，根据雌虫平均产卵量和卵的孵化率，也可算出单位面积的幼虫数。这样根据茧数和平均产卵量调查发生量，因为此时幼虫很小，数起来很费工。

二、孵化率的调查

卵在自然界中，由于菌类寄生天敌、未受精等原因而不能全部孵化为幼虫。为了获得可靠的发生密度，必须调查孵化率。在不同生境中，共抽茧300～500个，每茧抽卵20粒，均匀混合，每20粒一包，包于纱布中置露天下。估计自然界中卵全部孵化后，检查纱布所未孵化的卵，然后计算孵化率

$$孵化率（\%）= \frac{原卵粒数-未孵化卵的粒数}{原卵粒数} \times 100$$

三、越冬幼虫死亡率的调查

由于那曲冬季温长寒冷，一部分幼虫可能在越冬过程中死亡，因此，冬前调查的虫数，并不能代表翌年的发生量。通过越冬死亡率的调查，修正秋季检查的幼虫数，即可得出当年的发生率，确定是否需要进行防治。

越冬死亡率的调查于第二年5月中下旬和6月初幼虫开始出土活动时，在上年调查的基础上进行。即在上年秋季查卵时，在不同类型的生境中选上有代表性的点，做出明显的标记作为样区，春末在这些有标记的样区内进行复查，以便在同一地区的各小区内，对比出越冬死亡率。也可在秋季样区内的地方将虫茧轻轻取出，从破裂的一端倒出幼虫，防止其受到损伤，检查数量后将幼虫装入茧内放回原处，然后做出标记，翌年春天就在原地复查。这次检查，不仅要查茧内幼虫，同时还要查寻附近草根土壤裂缝中等地方的幼虫。在同一生境中，一般取10~20个即可。

$$越冬死亡率（\%）= \frac{越冬前幼虫数-越冬后幼虫数}{越冬前幼虫数} \times 100$$

四、药效检查的方法

药效检查的目的在于测定施用药剂防治后毛虫的死亡率和残虫密度，防治效果的好坏取决于下列几方面的因素：药剂浓度、用量、机械性能、操作技术、温度、风速、施药后的天气变化及毛虫的发育期。

一般常用药效检查方法是方框取样法，在防治区不同类型的生活环境中，在防治前和防治后选取样方，检查毛虫的密度，比较这两个数字可得毛虫的密度。

$$死亡率（\%）= \frac{防治前活虫数-防治后的活虫数}{防治前活虫总数} \times 100$$

五、草原虫害的预测预报

（一）预测预报的目的、内容及任务

害虫预测预报就是以已经掌握的害虫发生规律为基础，根据当前害虫的发生数量和发育状态，结合气候条件和植物发育等情况，进行综合分析，判断害虫未来的动态趋势，提供虫情信息和咨询服务的一种应用技术，保证及时、经济、有效地防治害虫。它的主要任务是：预报害虫发生为害的时期，以便确定防治的有利时机；预报害虫发生数量的多少和为害性的大小，以便确定防治的规模和力量部署；预报害虫发生的地点和轻重范围，以便安排不同地区采取不同的对策。

害虫预测预报的基本内容，就是预测害虫数量的变动，即数量在时间和空间上的变化规律。其具体内容是：掌握害虫的发生期、为害期，确定防治的有利时机；掌握害虫的发生量，根据害虫的发生量和为害性，决定是否进行防治；还要掌握害虫的发生地和扩散蔓延的动向，确定防治区域、对象草地及其他应有的组织和措施。

影响害虫种群发生动态变化的因子多种多样，关系错综复杂，这些因子对不同种害虫的影响也不一致。因此，需要针对具体的害虫深入调查研究，进行具体分析，特别是要找到对害虫发生起决定作用的主导因子，只有这样，才能用简便易行的方法对害虫的发生做出比较准确的预报。害虫的预测预报，是针对具体害虫种进行动态监测，掌握未来趋势，重点注意的是关于种群动态，故应先了解种群动态问题。

（二）预测预报的种类

1.按预测时间长短分

（1）短期测报。一般仅测报几天至十多天的虫期动态。根据害虫的前一虫期推测下一虫期的发生期和数量，作为当前防治措施的依据。例如，从产卵高峰期预测孵化盛期；从诱虫灯诱集发蛾量预测为害程度等。

（2）中期测报。一般都是跨世代的，即根据前一代的虫情推测下一

代各虫期的发生动态，作为部署下一代的防治依据。期限往往在1个月以上。但视害虫种类不同，期限的长短可有很大差别。一年只发生1代的害虫，一个测报可长达1年；发生周期短的（全年2～5代的种类），可测报半年或一季，有的甚至不到1个月。

（3）长期测报。是对2个世代以后的虫情测报，在期限上一般达数月，甚至跨年。在发生量预测上，通常由年初展望全年，或对一些生活史长、周期性发生的害虫，分析在今后几年内的消长动态，都属于长期趋势测报。此项工作需要多年的系统资料累积。

2. 按预测内容分

（1）发生期预测。是指昆虫某一虫态出现时间的预测。也就是预测害虫侵入牧草地的时间，或是害虫的某虫态在牧草地上大量出现或猖獗为害的时期，如何时化蛹、产卵、飞迁等。

发生期的预测在害虫防治上十分重要。因为对许多害虫来讲，防治时间是否抓得准，是个关键性的问题。例如，钻蛀性害虫（玉米螟），必须消灭在幼虫孵化之后、蛀入植物组织之前，否则一旦蛀入植物组织内部，即无法防治。有些食叶的暴食性害虫，必须消灭在3龄以前，如蝗虫等，否则后期食量大增，为害严重，同时抗药性增强，毒杀比较困难。为了更好地开展害虫的综合防治，不仅要注意害虫的发生时期，而且还要预测益虫的发生时期及其动向，以便及时地引入天敌或调整药剂的使用方法和用量。

（2）发生量预测就是预测未来害虫数量的变化。对常发型害虫来说，它的数量变化逐年虽有差异，但波动幅度不大。对于那些爆发型害虫来说，数量预测就显得十分重要了。因为这些害虫的发生特点是数量变动幅度极大，有的年份它们销声匿迹，不见为害。有的年份却大肆猖獗，为害严重。

害虫数量的增减，是害虫各个虫期在生活过程中所受各种外界环境因子综合影响的结果，在这个过程中不仅有非生物（特别是降水量、温度）因子和生物（尤其是天敌）因子影响，而且有人类活动等更大的影响。但是各个因子的作用是不相同的，只要较全面地掌握了害虫的发生发展规律，就可以从影响害虫数量变化过程的多种因子中，抓住其中的主导因子，以这个主导因子的动态作为害虫数量变化预测的指标。

（3）分布蔓延预测。害虫在分布区内，有一定的发生基地，而且有一定的扩散蔓延和迁移习性。因此害虫的发生都有从点蔓延成片，或迁移到别的地方的发展趋向。

害虫在一定时间内扩散迁移的范围决定于迁移的速度，其影响害虫蔓延迁移速度的因素主要是害虫的活动能力，种群数量大小，地形限制条件和气象条件。只要掌握了害虫的生活习性，参考害虫的食料和寄主植物的分布，根据当地当时气象要素的具体变化，就能分析找出这种扩散蔓延的动向，计算出一定日期内可能蔓延到的地区，或是根据面积和距离预测迁移到某地所需的时间，做好防治的准备工作。

第三节　草原毒杂草监测方法

综合羌塘高原草地毒杂草密度、气象和草地生产力等相关数据，建立毒杂草分布相关模型，开展毒杂草动态变化的研究，预测毒杂草的发生区域，为毒杂草防治提供科学依据。

近年来，中国农业科学院农业环境与可持续发展研究所退化及污染农田修复团队在外来入侵毒害草精准监测与变量施药技术研发方面取得突破，提升了有毒有害入侵杂草防治的精准性和时效性。

新技术体系优势体现为：一是识别准，外来毒害草全生育期视觉光谱识别技术，可解决对外来毒害草认不得、识不准的技术难题；二是测量精，应用北斗导航系统精准计算外来毒害草分布位点、种群密度、发生程度，解决监测费时费力、测不准的难题；三是运算快，依托大数据和云计算人工智能技术，可瞬时获得外来毒害草精准分布三维地图和施药处方图，提高时效性，解决传统方式耗时、费脑又费力的问题；四是喷药省，依据外来毒害草分布精准位点和种群密度，设置网格状施药处方图，依托变量植保机实施变量施药，大量节约用药，省钱又环保。

第十四章　草原"三害"防治对策

第一节　　　　　　　　**鼠害防治对策**

一、加大灭鼠力度

鼠害防治是一项具有高度科学性、技术性和广泛社会性、群众性的工作，同时也是一项长期性、经常性的工作。由于观念陈旧，又缺乏必要的技术和资金，当地牧民还没有真正意义上的灭鼠活动。因此各级政府和有关业务部门应切实加强对害鼠工作的领导，安排强有力的专职干部负责组织、制订和实施鼠害防治计划，使有限的人力、物力和资金集中于重点的防治目标上，这是提高鼠害防治工作水平的关键。

二、加强鼠害防治队伍建设

西藏牧区由于缺乏相应专业的草原保护人才和各级技术人员，因此举办各级各类培训班，对技术人员进行培训，增强对鼠害的认识，提高防治技术水平，逐步建立一支整体素质较高的草原保护和建设队伍。

三、制定灭鼠规划，走综合防治之路

各级政府应提前计划和统筹，调拨药品和灭鼠工具等物资，安排好人员。组织牧户、牧民，有组织、有纪律、统一进行灭鼠活动。可以同时采用化学灭鼠和物理灭鼠法，结合生物灭鼠法进行综合防治。适合当地的物理法是水淹法。利用当地比较充足的水源条件，在春季或夏季进行草地大面积漫灌，对灭杀高原鼠兔有较好的效果。或以C型肉毒梭菌毒素为毒饵，以青稞、胡萝卜为诱饵，在4—5月进行生物灭鼠，有同样好的效果。

四、改良草地

利用草原上的小溪和河流，在溪流的不同部位修建水闸，建设必要的灌水设施，疏通河道，利用草地天然的坡度，节水灌溉或建立科学合理的放牧制度，给草地休养生息的机会。促进植被恢复过程，提高草地植被盖度，破坏高原鼠兔生境。同时，适当补播适应当地的禾本科植物，如早熟禾属的早熟禾、藏北早熟禾和冷地早熟禾等对改良草地、恢复植被、消灭鼠害具有重要的意义。

第二节	草原毛虫防治对策

一、化学防治

化学防治灭治草原毛虫方便经济、杀虫速度快、效果显著，受到牧民的普遍欢迎。但对牧草造成污染，使人类和野生动物资源遭受威胁，使毛虫产生抗药性等一系列问题，使化学灭鼠药剂受到局限性。目前使用比较普遍的化学药剂为4.5%高效顺反氯氰菊酯。根据为害程度在幼虫三龄期喷雾，灭效可达到90%。

二、生物防治

（一）天敌草原毛虫的天敌是其数量变动的因素之一

草原毛虫的天敌主要有鸟类、寄生蝇、寄生蜂等。寄生蝇和寄生蜂均寄生于毛虫的幼虫体内，被寄生的幼虫不能化蛹或羽化。但寄生蜂的数量较少，作用没有寄生蝇显著。捕食毛虫的鸟类有角白灵、长嘴百灵、小云雀、棕颈雪雀和大杜鹃等。鸟类个体数量多，在育雏及雏鸟群飞觅食时期，大量捕食毛虫，对毛虫有一定的抑制作用。

（二）草原毛虫防治剂

利用草原毛虫核型多角体病毒和苏云金杆菌复合制成的V·B草原毛虫防治剂，具有防治效果好、污染环境小、对人畜安全、无生态毒性、无残留等优点。温度20 ℃时，对三龄草原毛虫的防治效果达80%，能有效地防治草原毛虫。

三、防治原则

（一）害虫综合治理的特点

（1）害虫综合治理不要求彻底消灭害虫，允许害虫在受害密度以下的水平继续存在。

（2）害虫综合治理强调分析害虫为害的经济水平与防治费用的关系。

（3）害虫综合治理强调各种防治方法的相互配合，尽量采用农业、生物等防治措施，而不单独采用化学防治。

（4）害虫综合治理应高度重视自然控制因素的作用。

（5）害虫综合治理应以生态系统为管理单位。

害虫综合治理方案的设计应以建立最优的农业生态体系为出发点，一方面要利用自然控制，另一方面要根据需要和可能，协调各项防治措施，把害虫控制在为害允许的水平以下。

（二）害虫综合治理方案的设计应遵循的原则

（1）根据当地生态系统的结构循环特点，在分析该区域各种生物和非生物因素相互关系的基础上，特别是耕作制度、牧草布局、生境适度等特点，这些是设计方案的重要依据。

（2）主要为害的优势种群和关键时期。

（3）牧草与害虫的物候期。

（4）在掌握当地主要害虫和天敌种群发生类型的基础上进行准确预测预报。

（5）在搞清单项措施有效作用的基础上，尽可能采取具有兼治效能的措施。

第三节　　毒杂草防治对策

一、严格控制放牧，实行草畜平衡制度

毒草大量滋生是草地退化的重要标志，放牧过度是造成草地退化和毒草繁衍的主要因素，致使优良牧草逐年减少，毒草迅速增多。因此，以草定畜，制定合理的放牧利用制度，避开毒草的毒性高峰期；针对牲畜对毒草有不同毒性反应，合理配置非易感畜种的畜群，尽可能地利用毒草且降低为害。对已遭受大面积毒草生长的草地可以推行划区轮牧，休牧和禁牧制度，发展人工草地，减轻天然草原放牧压力，使其恢复。

二、毒草的控制措施

（一）农业防治

轮作倒茬：通过改变种植作物的种类和顺序，打破毒杂草与特定作物之间的伴生关系，减少其发生和为害。

深耕细耙：在播种前进行深耕，将土壤表层的毒杂草种子深埋，使其无法发芽，同时清除田间及周边的毒杂草。

施用腐熟有机肥：减少化肥的使用，增施磷钾肥，提高作物抗性，抑制毒杂草的生长。

合理密植、间作套种：利用作物间的相互作用，抑制毒杂草的生长空间。

（二）人工防治

手工拔除：对于面积较小或即将收获的农田，可以采用手工拔除毒杂草的方法。

使用工具：利用锄头、铲子等工具进行中耕除草，特别是在苗期和幼苗阶段，效果较好。

（三）物理防治

覆盖抑草：利用塑料薄膜、稻草等材料覆盖土壤表面，阻止毒杂草种子的萌发和生长。

火耕除草：在适宜的季节，通过焚烧的方式清除田间毒杂草，但需注意防火安全。

（四）化学防治

使用除草剂：根据毒杂草的种类和生长阶段，选择合适的除草剂进行防治。传统的方法仍是目前最有效的，尤其在药物方面近几年研究也较多，例如针对大多数毒草的草甘膦、2,4-D-丁酯、使它隆、茅草枯以及有针对性的灭狼毒、灭棘豆、狼毒净等除草剂的单独及混合使用，可以有效地灭除毒草。但需注意除草剂的选择和使用量，避免对作物和环境造成不良影响。

混配用药：针对难以防治的毒杂草，可以尝试将不同作用机理的除草剂混合使用，以提高防治效果。

（五）生物防治

利用天敌：即在有害生物的传入地，通过引入原产地的天敌因子重新建立有害生物与天敌之间的相互调节、相互制约机制，恢复和保持这种生态平衡。因此生物防除可以取得利用生物多样性保护生物多样性的结果。

引入竞争植物：利用植物间的相互竞争，种植生长发育较快且对某毒草竞争力强的一种或多种植物（如人工牧草、速生树种等），抑制其生长繁殖，最后以人工植被替代。

（六）加强监测与管理

定期监测：建立毒杂草监测体系，定期对农田进行巡查，及时发现并记录毒杂草的种类和数量。

制定应急预案：针对可能出现的毒杂草暴发情况，制定应急预案和应对措施，确保及时有效地控制毒杂草的为害。

需要注意的是，毒杂草的防治是一个长期而艰巨的任务，需要农牧民群众、技术人员和相关部门的共同努力。在防治过程中，应坚持"预防为主、综合防治"的方针，采取多种措施相结合的方式，以达到最佳的防治效果。同时，也应注意保护生态环境和生物多样性，避免过度使用化学农药等对环境造成不良影响。

案例一

不同生物灭鼠剂控制草原鼠兔试验

鼠害对草地生态系统的为害主要表现在大量啃食和贮藏优良牧草、掘土造丘，造成生境破坏、草地退化、载畜量下降等问题，每只鼠兔一年要取食24.345 kg的牧草，大约50只鼠兔一年采食的牧草就可以养活一头绵羊。进而严重威胁到草地生态安全及草地畜牧业的可持续发展。因此，对草地生态系统鼠害进行有效的防治是当今生态学研究的一个重要问题。

20世纪80年代初，那曲镇和西藏自治区内外科研工作者开始了鼠害防治工作的研究，每年从国内外引进药品进行灭效试验，并从物理、化学、生物等灭鼠技术方面做了大量有益的探索和试验。长期以来，人们主要采用化学药物灭鼠，有较好的效果，但存在着污染环境、为害鼠类天敌、对人畜安全也构成严重威胁等缺陷。因此，人们开始探索利用生物技术来控制鼠害，以期为草地生态系统鼠害的防治开辟新的途径。鉴于此，本试验选用"鼠道难"生物灭鼠剂和C型肉毒梭菌生物灭鼠剂，对色尼区那么切乡6村、那曲镇14村实施了鼠害控制试验，从而筛选出高原鼠兔持续控制效果好的防治药剂，为藏北草原大面积推广使用提供科学数据和理论指导。

一、试验区概况

灭鼠选择在色尼区那么切乡6村、那曲镇14村中度退化高寒草甸区进行，海拔4 500 m，土壤为高寒草甸土。

二、材料与方法

（一）药剂

"鼠道难"生物灭鼠剂；剂型：压缩饵料；含量：20.02%地芬·硫酸钡

C型肉毒梭菌：C型肉毒梭菌外毒素为灭鼠毒素，淡黄色液体，可溶于水，怕热怕光，在5 ℃时24 h即失毒。

（二）试验器械

青稞、量杯、测绳、筷子、编织袋、投饵器

（三）试验设计

在色尼区那么切乡6村和那曲镇14村选择中度退化高寒草甸区，各设2个试验区，每个小区面积为50 m×50 m。在那么切乡6村采用"鼠道难"生物灭鼠剂，那曲镇14村采用C型肉毒梭菌，在4个试验区内，根据高原鼠兔密度调查，将不同试验区不同生物灭鼠剂进行逐个投放，采用每洞必投法，必须将饵料投入洞口内，避免光照失效，每洞投7.5 g/洞。进行列队平行式灭治，灭鼠人员的间隔距离根据鼠害密度而定，一般为3~4 m，队形要保持基本整齐，不能错前差后，指定专人打标记，防止重投漏投。

（四）C型肉毒梭菌灭鼠剂配制方法

首先将饵料（青稞）除杂，按实际需要称其重量，置于配制容器内

（洗衣盆、铁槽等），加适量冷水，一般1 kg青稞加60 mL冷水，搅拌使其刚好浸湿青稞表皮为准，在容器底部不得有渗水。其次打开C型肉毒梭菌瓶盖，注入冷水，标准为其容量的2/3，振荡至全部溶解为止，后倒入已打湿的青稞中，反复搅拌，使其均匀分布，放在阳暗处，待2 h后即可使用。C型肉毒梭菌配制最佳浓度为0.2%，灭效达95以上，即1 kg青稞加毒素2 mL。

（五）调查方法

调查方法参考草原鼠害调查方法，各项指标是在现有国际和国家标准的基础上，参照有关单位的相关标准，全面吸收最新科技成果，充分结合地域特点、环境气候特点以及鼠种特点而提出的。样方面积为，主要为灭鼠隔离样地、灭鼠不隔离样地。

1. 堵洞调查法

鼠类调查一般包括分布区域、鼠害种类、种群密度、危害面积、危害程度等内容。调查时间为2018年12月25日—2019年1月9日。本次主要采取堵洞开洞法，步骤如下：

第一步，随机设置调查样方。

第二步，统计每个样方的鼠洞数量，边计数，边堵洞口，数一个堵一个，记下总的洞口数和堵洞时间。

第三步，24 h后，统计被盗开的鼠洞数，即为有效洞口数。

第四步，有效洞口数乘以洞口系数，即等于样方内害鼠数，高原鼠兔的洞口系数为0.11。

2. 灭治方法

采用每洞必投法，必须将饵料投入洞口内，避免光照失效，每洞投7.5 g/洞。进行列队平行式灭治，灭鼠人员的间隔距离根据鼠害密度而定，一般为3～4 m，队形要保持基本整齐，不能错前差后，指定专人打标记，防止重投漏投。在投药后，5～6 d开始达到死亡高峰期，超过10 d，饵料自行失效，翌年5月中旬可生根发芽，成为无毒饵料或优良牧草。

3. 灭效调查

同样采用堵洞开洞法进行灭效调查，统计每个样方的鼠洞数量，边记数，边堵洞口，数一个堵一个，记下总的洞口数和堵洞时间。24 h后，统计被盗开的鼠洞数，即为有效洞口数。

（六）数据分析

将调查中获得的数据按以下公式进行处理：

$$样方内害鼠数=有效洞口数×洞口系数；$$

$$有效洞口率（\%）=（样方内破开洞口数/样方内洞口数）×100$$

$$（调查中采用24 h内的有效洞口率）；$$

$$鼠密度=（有效洞口数×有效洞口系数）/样方面积；$$

$$灭洞率（\%）=\frac{a-b}{a}×100$$

a为样方内鼠害控制前有效洞口数；b为鼠害控制后有效洞口数。

三、结果与分析

（一）鼠密度及防治效果

那么切乡6村中度退化高寒草甸区，"鼠道难"生物灭鼠剂20.02%地芬·硫酸钡饵剂投药量为7.5 g/洞时，在试验区1、试验区2、对照组的灭洞率分别为97.2%、93.5%（表14-1）。

表14-1　"鼠道难"生物灭鼠剂控制鼠害调查结果

项目区	总洞数（只/hm²）	有效洞数（只/hm²）	有效洞率（%）	洞口系数	鼠密度（只/hm²）	鼠害控制后有效洞口数（只/hm²）	灭洞率（%）
试验区1	4 824	2 032	42.1	0.11	223.52	56	97.2
试验区2	1 572	552	35.1	0.11	60.72	36	93.5

那曲镇14村中度退化区，C型肉毒梭菌灭鼠剂投饵量在7~10粒时，试验区3、试验区4的灭洞率分别为71.6%、75.8%（表14-2）。

表14-2　C型肉毒梭菌灭鼠剂控制鼠害调查结果

项目区	总洞数（只/hm²）	有效洞数（只/hm²）	有效洞率（%）	洞口系数	鼠密度（只/hm²）	鼠害控制后有效洞口数（只/hm²）	灭洞率（%）
试验区3	1 888	700	62.9	0.11	77	72	89.7
试验区4	2 184	504	76.9	0.11	55.44	47	90.7

（二）安全性测定

试验区为人工种草区（网围栏全部隔离），投药期间没有牲畜进入该区域，经多次巡回检查观测，未发现天敌动物、鸟类二次中毒现象，说明"鼠道难"生物灭鼠剂、C型肉毒梭菌灭鼠剂使用安全。

四、讨论与结论

（1）通过不同生物灭鼠剂控制草原鼠兔试验，"鼠道难"生物灭鼠剂控制效果为97.2%、93.5%，C型肉毒梭菌灭鼠剂控制效果为89.7%、90.7%。

（2）此次C型肉毒梭菌饵料配制过程中，保存温度过低，配置的药剂没有渗透到饵料中，导致灭效相对较低（正常毒素配置及投饵灭效率平均95%以上）。

（3）通过此次试验，"鼠道难"生物灭鼠剂在高寒草甸草原区高原鼠兔防治过程中，使用方便、不需要饵料配置等程序，但在使用及贮存过程中防止淋湿，则为失效。C型肉毒梭菌生物灭鼠剂使用过程掌握好配置饵料程序，同时需适宜温度保存及饵料配制。

案例二

"那曲鼠害隔离防治技术研究与示范"项目实施成效

2018年申请了自治区科技厅重点研发及转化"那曲鼠害隔离防治技术

研究与示范"项目，重点在藏北草场重度退化的裸露地表实施1 000亩鼠害隔离项目，隔离装置主要由细钢丝网进行隔离，沿网围栏开宽20 cm、深50 cm的沟，安装钢丝细网后回填，恢复地表。高原属兔洞穴深度一般在20～30 cm，隔离钢丝细网深埋50 cm，钢丝细网地上部分20～30 cm，有效隔离害鼠进入。

一、项目中采用或研究取得的各项技术综述

在藏北重度退化草地（那曲镇14村、那么切乡6村），实施了1 000亩鼠害隔离防治技术研究与示范项目，隔离对照区3 000亩。通过项目研究，研发鼠害隔离多功能一体网围栏和隔离防治技术，有效隔离防治退化天然草地及人工草地害鼠，利用阻碍法建立起鼠害防治隔离带，防止害鼠侵入天然草地和人工草地，降低害鼠对天然草地和人工饲草地的破坏，实现一次投入长期见效。另外，通过隔离技术实现阶段性禁休牧，使退化天然草地得以逐步恢复，同时也极大地提高了人工草地单位面积产量，实现生态修复治理技术示范和人工草地增产增效预期目标。

通过鼠害隔离装置防治技术研究与示范，有效控制了隔离区的害鼠，解决了隔离区域鼠害蔓延的问题，大幅减少了鼠害对草地的啃食破坏，通过草地监测退化草地植被覆盖度提高为35%～45.5%（鼠害蔓延前：植被覆盖度为19%～43%，鼠害隔离防治后：植被覆盖度为64.5%～72.4%；隔离防治前：害鼠8～12只/亩，隔离防治后：害鼠0.45～1.00只/亩）。另外鼠害隔离装置安装后，对隔离区内外进行了灭鼠，并定期观察鼠害发生情况，通过鼠害调查和草地监测，系统评价鼠害隔离后天然草地与人工草地的防治效果和影响，有效控制鼠害侵入及蔓延，为那曲区域性草地建设和生态修复治理技术提供了理论依据。

二、采用或研究取得的主要技术与成果

（一）害鼠栖息调查与隔离网设计、安装

通过害鼠洞口数、鼠洞深度、鼠洞长度、植被状况、隔离区内外鼠害

防治以及防治后害鼠侵入及控制情况调查取得实验数据后，在那么切乡6村、那曲镇14村分别建立500亩鼠害防治隔离示范点2个。

预建隔离防治2个示范点，设鼠洞结构调查样方10个，取得鼠洞深度、鼠洞长度、栖息鼠洞洞口数各10份；根据试验调查得出鼠洞深度确定设计隔离网设埋深度及规格。鼠害密度调查固定样方共设12个，取得鼠洞数、有效洞口数、鼠密度等数据各12份；通过投饵灭鼠取得灭效率数据12份；鼠害隔离防治后鼠害发生情况调查数据，取得隔离防治区与对照区害鼠数量发生情况数据12份。

1.鼠洞解剖调查

在那么切乡6村、那曲镇14村（天然草地重度退化区）2个示范点，随机分别设5个样方，根据害鼠洞口分布状况每样方取15 m×15 m。随后沿鼠洞侧面逐一解剖观察记录鼠洞深度、长度、鼠洞数。

经害鼠（高原鼠兔）栖息鼠洞解剖，2个示范点（6村、14村）高原鼠兔栖息鼠洞出入洞口数分别达6.4个、6.8个，鼠洞平均深度分别达24.46 cm、29.45 cm，最深达到36.8 cm，鼠洞长度分别达14.18 cm、13.16 cm（表14-3、表14-4）。

表14-3　那么切乡6村鼠洞解剖调查情况　　　　　（cm）

编号	1	2	3	4	5	平均数
鼠洞数	5	8	6	7	6	6.4
鼠洞深度	25.1	27.3	28.2	27.9	36.8	29.06
鼠洞长度	15.3	13.5	11.7	14.8	15.6	14.18

表14-4　那曲镇14村鼠洞解剖调查情况　　　　　（cm）

编号	1	2	3	4	5	平均数
鼠洞数	7	5	8	7	6	6.8
鼠洞深度	24.7	23.9	24.2	23.3	26.1	24.46
鼠洞长度	11.2	10.5	13.7	14.8	15.6	13.16

2. 鼠害防治隔离网设计安装

根据鼠洞解剖得出的鼠洞深度数据及高原属兔、草原田鼠等体格，隔离网规格设10 mm × 10 mm × 1 000 mm细钢砂网。

隔离网安装、隔离治理区四周用开沟机开挖有连通的细沟，细沟深500 mm、宽200 mm；细沟外侧与加长加固的立柱安装填埋恢复草皮，地表外露隔离网500 mm细钢砂网，再安装网围栏与隔离网用铁丝一并绑紧固定。

（二）鼠害调查及灭鼠处理

1. 鼠害调查试验设计

在2个示范点鼠害隔离防治区内（GL）及区外（CK），随机设置调查样方，各设样方面积为50 m × 50 m样方3个，样方之间距离控制为50 m。采取堵洞开洞法统计每个样方的鼠洞数量，边计数边堵洞口。24 h后，统计被盗开的鼠洞数。有效洞口数乘以洞口系数计样方内害鼠数（高原鼠兔的洞口系数为0.11）。

通过鼠害调查，那么切乡6村隔离防治区内平均每亩鼠洞数达262洞、有效洞口数109.67洞、鼠密度12.06只；对照区平均每亩洞口数达250.67洞、有效洞口数100洞、鼠密度11只；那曲镇14村隔离防治区内平均每亩鼠洞数达235.67洞、有效洞口数70.67洞、鼠密度7.77只，对照区平均每亩洞口数175.33洞、有效洞口数68.67洞、鼠密度7.55只。从2组数据可以看出2个示范点（试验区样地）隔离区与对照区鼠害发生情况没有显著差异（表14-5、表14-6）。

表14-5　那么切乡6村隔离防治示范点区内外鼠害调查情况　　　　　　　　（只/亩）

编号	GL1	GL2	GL3	GL平均	CK1	CK2	CK3	CK平均
鼠洞数	321	270	195	262	264	305	183	250.67
有效洞口数	135	121	73	109.67	106	129	65	100
鼠密度	14.85	13.31	8.03	12.06	11.66	14.19	7.15	11

表14-6　那曲镇14村隔离防治示范点区内外鼠害调查情况　　　　　（只/亩）

编号	GL1	GL2	GL3	GL平均	CK1	CK2	CK3	CK平均
鼠洞数	261	267	279	235.67	115	173	238	175.33
有效洞口数	85	55	72	70.67	57	56	93	68.67
鼠密度	9.35	6.05	7.92	7.77	6.27	6.16	10.23	7.55

2.投饵灭鼠处理

采用投饵料措施进行灭鼠。用C型肉毒梭菌毒素配制饵料，1 mL毒素＋1 kg小麦配制饵料。用投饵器鼠洞内投饵灭鼠。经过1周后采取堵洞开洞法进行灭效调查。

通过鼠害隔离防治区与对照区灭鼠处理，那么切乡6村隔离区灭效达95.05%、鼠密度0.59只，对照区灭效95.46%、鼠密度0.48只；那曲镇14村隔离区内灭效达93.82%、鼠密度0.34只/亩，对照区灭效92.9%、鼠密度0.51只/亩；从2组数据可以看出2个示范点（试验样地）试验区与对照区灭效没有显著差异（表14-7、表14-8）。

表14-7　那么切乡6村隔离防治示范点区内外鼠害防治灭效调查情况　　　　　（%，只/亩）

编号	GL1	GL2	GL3	GL平均	CK1	CK2	CK3	CK平均
鼠洞数	321	270	195	262	264	305	183	250.67
有效洞口数	135	121	73	109.67	106	129	65	100
灭后开洞数	7	5	4	2.33	3	6	4	4.33
灭效率	94.8	95.86	94.5	95.05	97.17	95.35	93.85	95.46
灭后鼠密度	0.77	0.55	0.44	0.59	0.33	0.66	0.44	0.48

表14-8　那曲镇14村隔离防治示范点区内外鼠害防治灭效调查情况　　（%，只/亩）

编号	GL1	GL2	GL3	GL平均	CK1	CK2	CK3	CK平均
鼠洞数	261	267	279	235.67	115	173	238	175.33
有效洞口数	85	55	72	70.67	57	56	93	68.67
灭后开洞数	4	3	6	4.33	5	4	5	4.67
灭效率	95.23	94.55	91.67	93.82	91.23	92.86	94.62	92.9
灭后鼠密度	0.44	0.33	0.66	0.34	0.55	0.44	0.55	0.51

3.隔离防治效果调查

在鼠害隔离及药物灭鼠经过8个月后，2个示范点鼠害隔离防治区、对照区采取堵洞开洞法进行鼠害调查。经过24 h后，对开洞情况计数（表14-9、表14-10）。

表14-9　那么切乡6村隔离防治示范点区内外鼠害隔离效果调查　　（只/亩）

编号	GL1	GL2	GL3	GL平均	CK1	CK2	CK3	CK平均
鼠洞数	14	11	5	10	157	98	139	131.33
有效洞口数	6	5	5	5.33	53	39	71	53.33
鼠密度	0.66	0.55	0.55	0.49	5.83	4.29	7.81	5.98

表14-10　那曲镇14村隔离防治示范点区内外鼠害隔离效果调查　　（只/亩）

编号	GL1	GL2	GL3	GL平均	CK1	CK2	CK3	CK平均
鼠洞数	7	9	8	8	87	92	73	84
有效洞口数	5	8	7	6.67	32	36	29	32.33
鼠密度	0.55	0.88	0.77	0.73	3.52	3.96	3.19	3.56

4. 结果与分析

经害鼠（高原鼠兔）栖息鼠洞解剖，表14-3、表14-4得出结论2个示范点（6村、14村）高原鼠兔栖息鼠洞出入洞口数分别达6.4个、6.8个，鼠洞平均深度分别达24.46 cm、29.45 cm，最深达到36.8 cm，鼠洞长度分别达14.18 cm、13.16 cm。根据高原鼠兔等栖息鼠洞结构及特征，隔离网适宜深埋深度40～50 mm。

通过鼠害调查，表14-5、表14-6得出，那么切乡6村隔离防治区内平均每亩鼠洞数达262洞、有效洞口数109.67洞、鼠密度12.06只；对照区平均每亩洞口数达250.67洞、有效洞口数100洞、鼠密度11只；那曲镇14村隔离防治区内平均每亩鼠洞数达235.67洞、有效洞口数70.67洞、鼠密度7.77只，对照区平均每亩洞口数175.33洞、有效洞口数68.67洞、鼠密度7.55只。从两组数据可以看出2个示范点（试验区样地）隔离区与对照区鼠害发生情况没有显著差异。

通过鼠害隔离防治区与对照区灭鼠处理，由表14-7、表14-8得出，那么切乡6村隔离区灭效达95.05%、鼠密度0.59只，对照区灭效95.46%、鼠密度0.48只；那曲镇14村隔离区内灭效达93.82%、鼠密度0.34只，对照区灭效92.9%、鼠密度0.51只；从两组数据可以看出2个示范点（试验样地）试验区与对照区灭效没有显著差异。

在鼠害隔离及药物灭鼠经过8个月后，2个示范点（试验样地）鼠害隔离防治区、对照区采取堵洞开洞法进行鼠害调查，由表14-9、表14-10可以得出，那么切乡6村鼠害隔离防治区平均每亩洞口数10洞、有效洞口数5.33洞、鼠密度0.49只，对照区平均每亩鼠洞数131.33洞、有效洞口数53.33洞、鼠密度5.98只；那曲镇14村鼠害隔离防治区平均每亩洞口数8洞、有效洞口数6.67洞、鼠密度0.73只，对照区平均每亩鼠洞数84洞、有效洞口数32.33洞、鼠密度3.56只。从两组数据可以看出，2个样地鼠害隔离防治与对照区（不隔离）在同一时间灭鼠处理措施及灭效基本一致情况下，经过8个月鼠害发生情况有显著差异，隔离区样地没有增加害鼠数量，而对照区鼠密度增加，6村对照区每亩鼠密度从0.48只增加至5.98只，那曲镇14村对照区每亩鼠密度从0.51只增加至3.56。从实验数据表明，隔离防治措施下有效控制害鼠侵入及活动，没有隔离措施的对照区由于鼠害防治灭鼠面积有限，易于周围害鼠侵入及活动。

（三）鼠害隔离防治措施对草地植被的影响调查

鼠害隔离网安装前后对隔离区内外进行草地植被进行调查，隔离灭鼠处理前于2018年8月调查一次，隔离灭鼠处理后于2019年8月调查一次。

1. 试验设计

在隔离区内外各随机取0.5 m×0.5 m固定监测样方6个，对草地植被盖度、生物多样性、生物量等进行调查。

2. 结果与分析

表14-11、表14-12表明，那曲镇14村隔离区内植被平均盖度从30.88%提高到72.4%，牧草鲜草产量从43.42 kg提高到134.43 kg；隔离区外（CK）植被平均盖度29.95%提高到37.23%，牧草鲜草产量41.4 kg提高到41.76 kg。隔离区内植被盖度、产量相比对照区差异显著。

表14-11　那曲镇14村隔离区内草地监测情况　　　　　　（g，kg，亩）

样方编号	隔离前		隔离后	
	植被盖度	亩产鲜草	植被盖度	亩产鲜草
GL-1	41	64	73.3	113.4
GL-2	43	44.8	69.1	135.14
GL-3	21.5	30.4	65.8	173.23
GL-4	38	52.8	89.3	154.5
GL-5	19	37.6	66.7	101.46
GL-6	22.8	30.93	84.2	128.82
Avg	30.88	43.42	72.4	134.43

表14-12 那曲镇14村隔离区外草地监测情况 （g，kg，亩）

样方编号	前期调查		后期调查	
	植被盖度	亩产鲜草	植被盖度	亩产鲜草
CK-1	20.1	56.8	34.2	38.65
CK-2	22	31.47	31.7	41.25
CK-3	34	34.4	47.8	40.26
CK-4	40.2	41.3	39.6	39.81
CK-5	30.9	47	33.9	48.12
GL-6	32.5	37.4	36.2	42.47
Avg	29.95	41.4	37.23	41.76

由表14-13、表14-14表明，那么切乡6村隔离区内植被平均盖度从39.5%提高到75.1%，牧草鲜草产量从43.69 kg提高到71.8 kg；隔离区外（CK）植被平均盖度从39.17%提高到39.5%，牧草鲜草产量40 kg提高到43.69 kg。隔离区内植被盖度、产量相比对照区差异显著。

表14-13 那么切乡6村隔离区内草地监测情况 （g，kg，亩）

样方编号	隔离前		隔离后	
	植被盖度	亩产鲜草	植被盖度	亩产鲜草
GL-1	32.4	40.38	82.3	44.13
GL-2	44.3	52.8	79.1	84.87
GL-3	49.2	67.13	77.3	81.84
GL-4	32.6	34.98	64.9	53.39
GL-5	37.3	33.6	64.5	71.26
GL-6	42.1	40.05	82.5	95.28
Avg	39.5	43.69	75.1	71.8

表14-14　那么切乡6村隔离区外草地监测情况　　　　　（％，g，kg，亩）

样方编号	前期调查		后期调查	
	植被盖度	亩产鲜草	植被盖度	亩产鲜草
CK-1	45.2	48.7	43.7	58.93
CK-2	33.1	21	30.1	19.19
CK-3	45.7	60.2	49.2	67.13
CK-4	37	41	32.6	34.98
CK-5	42	39.4	40.5	42.34
CK-6	32	29.7	37.9	39.56
Avg	39.17	40	39.5	43.69

3. 结论

通过隔离网安装及灭鼠处理后，在牧草生长旺盛期2次对隔离区内外草地植被状况进行了调查。实验结果显示，鼠害隔离措施对草地植被具有显著促进作用，降低害鼠对草地牧草啃食消耗及挖掘鼠洞造成的影响。本实验处理在同等围栏条件及季节性放牧的利用（夏季禁牧），隔离与未隔离之间的草地植被盖度、生物量有明显差异。那曲镇14村隔离区内植被平均盖度从30.88%提高到72.4%，牧草鲜草产量从43.42 kg提高到134.43 kg；隔离区外植被平均盖度29.95%提高到37.23%，牧草鲜草产量41.4 kg提高到41.76 kg。那么切乡6村隔离区内植被平均盖度达到39.5%提高到75.1%，牧草鲜草产量从43.69 kg提高到71.8 kg；隔离区外植被平均盖度从39.17%提高到39.5%，牧草鲜草产量40 kg提高到43.69 kg。隔离区内植被盖度、产量相比对照区差异显著。

（四）隔离措施对人工草地牧草产量的影响调查

在隔离区内外灭鼠处理，种植高产优质当年生牧草，选用燕麦青海444为试验对象，对其产量、株高进行测定。

1. 试验设计

那曲镇14村隔离区内外分别设置5 m×6 m试验小区3个，并做3次重复，在同等播量、施肥、灌溉条件下，5月下旬种植青海444，9月底按照对角线1 m×1 m样方，测定其株高、产量。

2. 结果与分析

从表14-15可知，在同等种植水平条件下，隔离与未隔离人工草地牧草产量和株高均有明显差异；隔离区牧草平均株高145.3 cm，亩产鲜草产量3 699.3 kg/亩；未隔离区牧草平均株高95 cm，亩产鲜草产量2 357 kg/亩；隔离区内牧草产量高于隔离区外亩产鲜草1 342.3（青干草385.3）kg，每千克青干草价格按3元计，隔离区内不计投入成本，每亩增加效益1 150。

表14-15　隔离区内外人工草地牧草测定情况　　　　　　（cm，kg/亩）

样方编号	隔离区内		隔离区外	
	植株高度	亩产鲜草	植株高度	亩产鲜草
1	135	3 501.5	86	2 157
2	158	3 857	103	2 634
3	143	3 739.5	96	2 280
平均	145.3	3 699.3	95	2 357

3. 结论

通过同等水平处理，隔离区人工牧草种草产量、株高明显高于未隔离区人工种草。主要表现在未隔离区牧草播种期、出苗期、分蘖期受到害鼠的啃食、挖掘鼠洞等活动，是直接影响牧草产量、株高降低的原因。

实验数据表明，通过隔离措施有效控制害鼠侵入及草地破坏，提高人工草地牧草产量，因此鼠害隔离措施是适合应用于区域性草地建设。

参考文献

《四川牧区人工种草》编委会，2012. 四川牧区人工种草[M]. 成都：四川科技出版社.

边巴卓玛，呼天明，吴红新，2006. 依靠西藏野生牧草种质资源提高天然草场的植被恢复效率[J]. 草业科学（2）：6-8.

陈宝书，1991. 草原学与牧草学实习实验指导书[M]. 兰州：甘肃科学技术出版社.

陈全功，1991. 西藏那曲地区草地畜牧业资源[M]. 兰州：甘肃科学技术出版社.

陈佐忠，1994. 略论草地生态学研究面临的几个热点[J]. 茶叶科学（1）：42-45，49.

多吉顿珠，尼玛仓决，土登群配，等，2021. 西藏野生牧草种质资源现状与保护利用对策建议[J]. 西藏科技（1）：8-11.

甘肃草原生态研究所草地资源室，西藏自治区那曲地区畜牧局，1991. 西藏那曲地区草地畜牧业资源[M]. 兰州：甘肃科学技术出版社.

干珠扎布，胡国铮，高清竹，等，2019. 藏北高寒牧区草地生态保护与畜牧业协同发展技术及模式[M]. 北京：中国农业科学技术出版社.

高清竹，江村旺扎，李玉娥，等，2006. 藏北地区草地退化遥感监测与生态功能区划[M]. 北京：气象出版社.

韩建国，孙洪仁，2008. 怎样保护和利用好草原[M]. 北京：中国农业大学出版社.

贺有龙，周华坤，赵新全，等，2008. 青藏高原高寒草地的退化及其恢复[J]. 草业与畜牧（11）：1-9.

胡宇，2017. 我国寒生旱生灌草新品种选育研究现状与趋势[J]. 甘肃畜牧兽医，47（5）：9-19.

兰玉蓉，2004. 青藏高原高寒草甸草地退化现状及治理对策[J]. 青海草业（1）：27-30.

李艳容，旦久罗布，严俊，等，2019. 那曲草地毒杂草综合治理与利用的思考[J]. 中国畜禽种业，15（10）：17-18.

刘刚，李达旭，李洪泉，等，2018. 退化草地治理技术[M]. 成都：天地出版社.

刘淑珍，周麟，仇崇善，等，1999. 西藏自治区那曲地区草地退化沙化研究[M]. 拉萨：西藏人民出版社.

马丽，董建芳，莎依热木古丽，2014. 野生牧草种质资源在生态环境中的地位和保护措施[J]. 新疆畜牧业（8）：62-63，59.

马庆文，1996. 乡土植物资源调查与规划学[M]. 呼和浩特：远方出版社.

苗彦军，徐雅梅，2008. 西藏野生牧草种质资源现状及利用前景探讨[J]. 安徽农业科学（25）：10820-10821，10835.

曲广鹏，2015. 西藏天然草地补播技术初探[J]. 北京农业（33）：56-57.

苏加楷，耿华珠，马鹤林，等，2004. 乡土牧草的引种驯化[M]. 北京：化学工业出版社.

孙磊，王向涛，魏学红，等，2012. 不同恢复措施对西藏安多高寒退化草地植被的影响[J]. 草地学报，20（4）：616-620.

田福平，时永杰，张小甫，等，2010. 我国野生牧草种质资源的研究现状与存在问题[J]. 江苏农业科学（6）：334-337.

王芳，龙启德，2015. 浅析退化生态系统恢复与重建[J]. 贵州科学，33（1）：92-95.

王敬龙，王保海，2013. 西藏草地有毒植物[M]. 郑州：河南科学技术出版社.

王一博，王根绪，沈永平，等，2005. 青藏高原高寒区草地生态环境系统退化研究[J]. 冰川冻土（5）：633-640.

王钰，周俗，赖秀兰，等，2021. 草原鼠荒地人工种草植被修复技术示范

[J]. 草学（3）：32-37.

魏学红，臧建成，马少军，等，2009. 西藏那曲地区草原毛虫发生为害情况调查及药剂防治试验[J]. 中国植保导刊，29（11）：27-28.

吴建波，王小丹，2017. 围封年限对藏北退化高寒草原植物群落特征和生物量的影响[J]. 草地学报，25（2）：261-266.

夏茂林，2011. 西藏高寒草原鼠害动态研究[D]. 杨凌：西北农林科技大学.

严杜建，吴晨晨，赵宝玉，2016. 中国天然草地毒杂草灾害分布与防控技术的研究进展[J]. 贵州农业科学，44（1）：104-109.

严俊，旦久罗布，谢文栋，等，2020. 藏北高原积极探索人工种草和生态建设协同发展的新路子[J]. 西藏科技（3）：10-12.

严俊，旦久罗布，张海鹏，等，2019. 西藏那曲高原鼠兔密度与高寒草甸植被类型相关性的研究[J]. 湖北畜牧兽医，40（5）：7-9.

杨东生，张生祥，阿帕尔，等，2008. 鼠害的防治[J]. 新疆畜牧业（3）：58-60.

佚名，2012. 西藏自治区草原法律法规汇编[M]. 拉萨：西藏自治区农牧厅.

俞联平，高占琪，杨虎，2004. 那曲地区草地畜牧业可持续发展对策[J]. 草业科学（11）：44-47.

玉柱，贾玉山，张秀芬，2004. 牧草加工储藏与利用[M]. 北京：化学工业出版社.

袁庆华，张卫国，贺春贵，等，2004. 牧草病虫鼠害防治技术[M]. 北京：化学工业出版社.

云锦凤，米富贵，杨青川，等，2004. 牧草育种技术[M]. 北京：化学工业出版社.

张海鹏，旦久罗布，严俊，等，2019. 藏北野生优势牧草种质资源保护与利用[J]. 中国畜禽种业，15（12）：15-16.

张旭，王宏，吴建军，等，2008. 退化草原生态修复技术应用效果初探[J]. 内蒙古草业（2）：9-11，13.

张英俊，周冀琼，杨高文，等，2020. 退化草原植被免耕补播修复理论与

实践[J].科学通报，65（16）：1546-1555

张知彬，王祖望，1998.农业重要害鼠的生态学及控制对策[M].北京：海洋出版社.

赵贯锋，余成群，武俊喜，等，2013.青藏高原退化高寒草地的恢复与治理研究进展[J].贵州农业科学，41（5）：125-129.

赵亮，徐世晓，周华坤，等，2013.高寒草地管理手册[M].成都：四川科学技术出版社.

赵燕洲，薛春晓，杨印海，2013.青藏铁路路域高寒草原生态修复技术研究[J].铁道工程学报，30（7）：90-94.

钟声，吴文荣，黄必志，2008.云南乡土牧草资源及其开发利用[J].热带农业科学，28（4）：60-63.

周鹏，艾尔肯·苏里塔诺夫，2016.天然草地引种驯化应用于城市绿化的探讨[J].新疆畜牧业（10）：48-50.

周青平，魏小星，刘文辉，等，2016.青藏高原特有草种质资源保护及发掘利用[J].中国科技成果，17（24）：74-75.

朱进忠，2010.草地资源学[M].北京：中国农业出版社.

朱振瑛.人工种草治理"黑土滩"模式的构思与探讨[J].中国畜牧兽医文摘，33（9）：37.